PHÄNOMEN HONIGBIENE

경이로운 꿀벌의 세계

초개체 생태학

PHÄNOMEN HONIGBIENE
경이로운 꿀벌의 세계

초개체 생태학

위르겐 타우츠 지음 · **헬가R. 하일만** 사진

최재천 감수 · **유영미** 옮김

Copyright © 2007 by Elsevier GmbH.
ISBN : 9783827418456
Translated Edition ISBN : 9788991215849
Publication Date in Korea : 2009.05.15.
Translation Copyright © 2009 by Elsevier Korea L.L.C

All Rights Reserved.
No part of this publication may be reproduced, stored in a retrieval system, or transmitted in any form or by any means, electronic, mechanical, photocopying, recording or otherwise, without prior permission of the publisher.

Translated by Book's Hill Publishers Co., Inc. (Ichi Publishers)
Printed in Korea

꿀벌 군락^{colony}은 시공간의 물질과 에너지를 경영하는 자연의 가장 놀라운 신비다.

벌춤 연구의 세계적인 석학이자 뷔르츠부르크 꿀벌 연구팀의 멘토인 마틴 린다우어^{Martin Lindauer}에게 이 책을 바칩니다.

감수자 서문: 꿀벌이 포유동물이라고?

꿀벌이 포유동물이라는 충격적인 주장과 함께 시작하는 이 책은 지금까지 출간된 꿀벌에 관한 책 중에서 가장 탁월하다. 이 세상에 수많은 생물들이 있지만 꿀벌만큼 신기한 생물을 찾기는 정말 어렵다. 꿀벌에 관한 책들 중 고전으로는 20세기 초에 출간된 모리스 마에털링크^{Maurice Maeterlinck}의 『벌의 삶^{The Life of the Bee}』(1901)과 발데마르 본셀스^{Waldemar Bonsels}의 『마야라는 벌의 모험^{The Adventures of Maya the Bee}』(1912)을 비롯하여 노벨 생리-의학상 수상자인 칼 폰 프리슈^{Karl von Frisch}의 『춤추는 벌^{The Dancing Bees}』(1953)을 꼽을 수 있다. 이 책은 감히 이런 고전의 반열에 올려도 좋을 책이다.

우리 인류가 야생 꿀벌로부터 꿀을 채취해 먹었다는 사실은 기원전 13,000년 전의 암각화에서 드러날 정도로 오래된 일이다. 양봉에 관한 가장 확실한 증거로는 이집트의 황제 투탕카문의 무덤에서 발견된 꿀항아리가 가장 오래된 것으로 알려져 있다. 벌의 생활사와 양봉에 관한 연구는 아리스토텔레스까지 거슬러 올라갈 수 있지만, 근대적 의미의 꿀벌 생물학은 폰 프리슈의 연구로부터 시작되었다. 그는 생물학계에서 가장 예리한 관찰력과 상상력을 지닌 학자로 꼽힌다. 수백, 수천 마리의 벌들이 잉잉거리는 벌통을 한 번이라도 직접 본 적이 있는 사람이라면 모두 동의할 것이다. 그 많은 벌들이 제가끔 이리저리 분주하게 돌아다니는 모습을 보며 그들 중 몇 마리가 춤을 추고 있고 다른 벌들이 그걸 해독하여 꿀이 있는 곳까지 날아간다는 사실을 발견한 사람이 바로 폰 프리슈이다. 꿀벌의 춤 언어에 대해 공부를 하고 난 다음에 봐도 누가 누구에게 말을 걸고 있는지 한참을 들여다봐야 하는데, 도대체 그는 어떻게 그 엄청난 혼돈의 세계에서 그런 현상을 그리도 가지런히 건져 올릴 수 있었는지 정말 놀라울 뿐이다.

나는 개인적으로 폰 프리슈의 증손이다. 그렇다고 해서 내 몸속에 오스트리아의 피가 흐른다는 얘기는 아니다. 하버드 대학 시절 나의 스승이었던 버트 횔도블러 Bert Hoelldobler 는 이 책의 저자가 헌사를 올린 폰 프리슈의 수제자 마틴 린다우어 Martin Lindauer 의 수제자였다. 나는 비록 횔도블러 교수의 수제자는 아니고 여러 제자들 중의 하나일 뿐이지만, 폰 프리슈가 내 학문적 증조할아버지임은 틀림없는 사실이다. 이 책의 저자 위르겐 타우츠 Jüergen Tautz 는 횔도블러 교수가 하버드에서 독일 뷔르츠부르크 대학으로 옮기면서 세운 연구소의 동료 학자이다. 횔도블러 교수는 사실 폰 프리슈와 린다우어 교수의 맥을 잇기는 했지만 꿀벌이 아니라 개미를 연구하여 일가를 이뤘다. 그들의 꿀벌 연구의 전통은 오히려 젊었을 때에는 원래 나비를 연구했던 타우츠 교수에 의해 이어진 셈이다.

이 책은 이전에 나온 꿀벌에 관한 모든 책들에 비해 가장 최근의 연구 결과들을 총망라했다. 그렇다고 해서 절대로 학자들만을 위한 책은 아니다. 학창시절에 생물학을 배웠던 사람이라면 아무래도 조금은 유리하겠지만, 생물학의 지식이 거의 없는 사람도 충분히 이해할 수 있도록 쉽고 친절한 책이다. 위르겐 타우츠는 꿀벌에 관하여 세계 최고 수준의 연구를 하고 있는 것은 물론, 대중을 위한 과학저술에도 탁월한 능력을 발휘하고 있다. 그는 2005년 유럽분자생물학회 EMBO 로부터 과학커뮤니케이션 부문에서 우수상을 수상한 바 있다.

이 책을 꼼꼼히 읽고 나면 꿀벌의 거의 모든 것에 대해 전문가 수준의 지식을 얻게 된다. 하지만 저자는 그 모든 상세한 지식을 펼쳐 보이며 전체를 하나로 묶는 실을 놓치지 않는다. 그것은 바로 꿀벌은 각각 별개의 생명을 지닌 개체이지만 언제나 군락 전체가 마치 하나의 개체처럼 행동한다는 이른바 초개체 개념이다. "일벌은 생명 유지와 소화를 담당하는 몸이고, 여왕벌은 여성의 생식기이며, 수벌은 남성의 생식기이다."라며 꿀벌의 군락을 하나의 생명체, 그것도 척추동물이라고 했던 요하네스 메링$^{Johannes\ Mehring}$의 분석은 예리했다. 실제로 꿀벌 군락의 모든 번식은 여왕벌의 몫이고 모든 일벌들은 오로지 여왕벌의 번식을 위해 헌신하는 '체세포들$^{somatic\ cells}$'이다. 만일 여왕벌이 사고로 죽고 차세대 여왕벌을 미처 만들어내지 못하면 그 군락은 그대로 사라진다. 수많은 일벌들이 있지만 그들은 기껏해야 미수정란을 낳을 수 있을 뿐이며, 미수정란으로부터는 수벌만 탄생할 뿐이기 때문에 군락의 명맥을 이어갈 수 없다. 이런 점에서 볼 때 꿀벌 군락은 여왕벌을 중심으로 이뤄진 하나의 거대한 생명체, 즉 초개체라 할 수 있다.

저자는 거기에 한 술 더 떠 꿀벌 초개체가 그냥 척추동물도 아니고 그 중에서도 우리와 같은 포유동물이란다. 낮은 번식률, 젖과 로열젤리의 유사성, 벌집이라는 '사회적 자궁', 일정한 체온 유지, 포유동물의 인지능력에 견줄 만한 꿀벌의 집단지성 등등, 듣고 보면 고개를 끄덕이지 않을 수 없다. 이쯤 읽고 나면 그 어떤 독자라도 책장을 덮지 못할 것이다. 꿀벌의 생활사, 짝짓기, 식생활, 유전자 그리고 벌집의 구조와 기능에 이르기까지 그야말로 꿀벌의 모든 것에 대한 이야기들이 이어진다. 이 책과 흡사한

스타일로 쓴 내 책 『개미 제국의 발견』과 함께 놓고 보면 이 세상에 우리 인간을 제외하고 꿀벌과 개미 그리고 흰개미처럼 복잡한 사회를 구성하고 사는 동물은 찾아보기 어렵다. 그들의 삶을 들여다보노라면 너무나 자주 우리 삶의 옆모습이 보이고 때로는 우리 삶이 갖추지 못한 아름다움과 지혜가 느껴진다. 그래서 그런지 일단 꿀벌, 개미, 흰개미 등의 연구에 손을 댄 사람은 영원히 그로부터 손을 씻지 못한다. 캐도 캐도 마르지 않는 생물처럼 그들의 삶은 정말 오묘하다.

그런 꿀벌이 사라지고 있다. 제2차 세계대전 당시 약 600만 개나 되던 미국의 벌통이 2005년 집계에 따르면 240만 개로 감소했단다. 세계 식량의 3분의 1이 곤충의 꽃가루받이에 의해 생산되며 그 임무의 80%를 꿀벌이 담당한다. "꿀벌이 지구상에서 사라지면, 인간은 그로부터 4년 정도밖에 생존할 수 없을 것"이라고 경고한 아인슈타인의 말을 수치 그대로 받아들일 수는 없지만, 나는 그의 혜안에 동의한다. 이대로 가다간 정말 언젠가 꽃들은 모두 나와 헤벌쭉 웃고 있는데 벌들은 전혀 잉잉거리지 않는 '침묵의 봄'이 올지도 모른다. 그 옛날 고등학교 시절에 배웠던 '어머니 그 먼 나라를 알으십니까'라는 제목의 신석정 시인의 시가 생각난다.

　　서리가마귀 높이 날아 산국화 더욱 곱고
　　노란 은행잎이 한들한들 푸른 하늘에 날리는
　　가을이면 어머니, 그 나라에서
　　양지밭 과수원에 꿀벌이 잉잉거릴 때
　　나와 함께 그 새빨간 능금을 또옥 똑 따지 않으렵니까

꿀벌이 없는 세상은 상상하기도 어렵고 상상하고 싶지도 않다. 나는 "알면 사랑한다!"라는 말을 온 세상에 퍼뜨리며 산다. 모르면 사랑도 할 수 없다. 우선 알아야 한다. 보다 많은 사람들이 이 책을 읽고 도대체 꿀벌이 왜 갑자기 사라지기 시작했는지 함께 연구했으면 좋겠다. 모두의 지혜가 필요한 때이다. 인간의 집단지능이 꿀벌의 집단지능을 구할 수 있길 바란다.

최재천(이화여대 에코과학부 교수, 『개미 제국의 발견』 저자)

서문

꿀벌은 인류의 역사가 기록되기 훨씬 전부터 인간의 주목을 받아온 매력적인 곤충이다. 유사 이래로 꿀과 밀랍은 인간의 삶에 직접적인 이익을 제공해 왔으며, 매우 정교한 기하학적 구조로 이루어져 있는 벌집은 수만 마리의 벌이 공동생활을 영위하는 삶의 공간으로서 인간의 호기심을 끊임없이 자극하고 있다. 무엇보다 꿀벌은 농사를 돕는 부지런한 일꾼이자 깨끗한 환경의 지표이며, 인간과 자연의 조화로운 공생의 산증인이기도 하다. 이는 현대인에게도 예외가 아니다.

예로부터 꿀벌은 거의 모든 문화권에서 조화, 근면, 희생을 상징하는 것으로 알려져 왔다. 현대 과학 기술에 근거한 체계적인 꿀벌 연구가 진행되면서 이러한 일방적인 믿음에 오류가 있다는 사실이 조금씩 밝혀지고 있지만, 꿀벌의 은밀한 생태에 관한 신비가 하나씩 벗겨질 때마다 탄성을 금하기 어렵다.

이 책은 꿀벌의 지식에 관한 기록으로서 최근의 연구 결과를 기존의 학문적 성과에 더하여 집대성한 것이다. 다만 아직까지 꿀벌에 대해 우리가 아는 것보다 모르는 것이 많기 때문에 꿀벌에 관한 통찰은 현재진행형의 과제로 남아 있다.

처음부터 끝까지 이 책을 관류하는 중심 화제는 고등 생물체인 포유동물의 특성을 꿀벌 군락honeybee colony에서도 찾을 수 있으며, 꿀벌 군락은 포유류의 특성과 단세포생물의 불멸하는 번식 전략을 통합하는 생존전략을 구사한다는 것이다. 즉 꿀벌 군락은 다세포생물의 성공 레시피와 단세포생물의 성공 레시피를 결합하여 생물계 내에서 특별한 위치를 점하고 있는 것이다.

내용이 복잡한 생명과학 분야에서는 종종 이미지가 텍스트보다 메시지 전달력이 높은 경우가 있다. 따라서 이 책의 내용은 텍스트와 이미지를 결합하여 기술할 것이다. 아울러 몇몇 예외를 제외하고는 자료의 출처나 인명을 생략하기로 한다. 다만 좀 더 전문적인 도움을 필요로 하는 독자라면 관련 웹사이트(http://www.beegroup.de)를 참고하기 바란다. 이곳에서는 각종 꿀벌 관련 참고문헌을 비롯하여 인터넷 자료, 사진, 비디오클립, 사운드파일 등을 구할 수 있다. 관련 자료는 향후 지속적으로 업데이트할 예정이다.

꿀벌은 인간에게 하나의 '현상'이다. 현상^{phenomena}이란 그리스어 'φαιν μενον'에서 유래한 말로서 "스스로를 보이거나 드러낸다."라는 뜻이 있다. 이는 초개체^{superorganismus}적인 특성을 가진 꿀벌 군락에게 가장 잘 어울리는 말이다. 꿀벌의 본질은 끊임없이 새로운 '현상'으로 드러나기 때문이다. 우리는 무지의 안개 속에서 머뭇거리며 새롭게 드러나는 초개체 꿀벌 군락에 관한 심오한 비밀에 조금씩 접근해 가고 있을 뿐이다. 꿀벌에 관한 새로운 인식은 우리의 이러한 노력이 조금도 아깝지 않다는 느낌이 들 정도로 놀랍다.

꿀벌의 비밀을 파헤치면 파헤칠수록 우리의 놀라움은 더욱 커지고, 그 비밀을 더 알고자 하는 욕망 또한 마찬가지다. 노벨상을 수상한 꿀벌 연구의 대가인 칼 폰 프리슈$^{Karl\ von\ Frisch}$ 교수도 "꿀벌 군락은 퍼내면 퍼낼수록 물이 더 많아지는 마법의 샘물과 같다."라고 말하지 않았던가!

　모쪼록 이 책을 통해 지금까지와는 다른 시선으로 꿀벌을 바라보며 경이로운 꿀벌의 세계를 감상하길 바란다.

　끝으로 이 책의 출판 과정에 도움을 준 독일 뷔르츠부르크^{Würzburg} 대학교 꿀벌연구소 연구원과 엘스비어 스펙트럼^{Elsevier Spektrum} 학술 출판팀에게 고마운 마음을 전한다.

2006년 11월 뷔르츠부르크에서
위르겐 타우츠^{Jürgen Tautz}, 헬가 하일만^{Helga R. Heilmann}

Contents

감수자 서문	꿀벌이 포유동물이라고?	VI
서문		XI
PROLOG	꿀벌 군락―초개체 포유동물	3
	가장 작은 가축―사진으로 살펴보는 꿀벌의 세계	13
01	꿀벌의 탄생	31
02	불멸의 여정	41
03	성공 모델	61
04	꿀벌의 지식	83
05	꿀벌의 짝짓기	137
06	꿀벌 군락의 맞춤먹이―로열젤리	167
07	벌집의 구조와 기능	185
08	부화되는 지혜	241
09	꿀은 피보다 진하다	279
10	완성된 원	297
EPILOG	꿀벌과 인간을 위한 조망	325
역자 후기		328
	참고문헌 · 사진 출처	330
	찾아보기	331

PROLOG

꿀벌 군락
– 초개체 포유동물

포유동물의 특성이 초개체 꿀벌 군락에서도 발견된다.

꿀벌은 곤충이다. 이는 의심할 여지가 없다. 약 3천만 년 전, 오늘날과 같은 모습으로 지구상에 처음 등장했을 때부터 꿀벌은 곤충이었다. 하지만 19세기에 이르러 꿀벌은 척추동물의 지위를 얻는다. 목수이자 양봉가였던 요하네스 메링 Johannes Mehring, 1815~1878 의 노골적인 비유 때문이다. 그는 이렇게 말했다. "꿀벌 군락은 하나의 생물이다. 그것들은 척추동물이다. 일벌은 생명 유지와 소화를 담당하는 몸이고, 여왕벌은 여성의 생식기이며, 수벌은 남성의 생식기이다."

꿀벌 군락 전체를 하나의 동물로 파악하는 이러한 시각은 꿀벌의 전체 개체군을 "하나의 생명체로서 유기적으로 이해"하려는 'Bien' 이라는 개념을 낳았다. 꿀벌 군락을 쪼갤 수 없는 전체로서 하나의 살아있는 유기

사진 P.1 꿀벌 군락은 일 년에 고작 몇 되지 않는 소수의 여왕벌을 배출한다. 새 여왕벌은 특별히 제작된 골무 모양의 왕대queen cells에서 탄생한다.

체로 인식하기 시작한 것이다. 미국의 생물학자 윌리엄 모튼 윌러William Morton Wheeler, 1865~1937는 개미 연구를 토대로 1911년부터 이러한 형태의 생물체를 '초개체superorganism'라고 명명하였다.

나는 양봉가의 철저한 자연 관찰로부터 얻어진 초개체라는 개념을 더욱 확장하여 꿀벌 군락은 '척추동물'일 뿐만 아니라, 포유동물의 특성까지도 가지고 있다고 주장하고자 한다. 언뜻 황당하게 들릴지 모르지만 이 말은 꿀벌의 신체 구조와 발생학만 보지 않고, 꿀벌이 포유동물의 특성을 고스란히 자기 것으로 만들었다는 데 착안하면 그리 터무니없게 들리지 않을 것이다.

그럼 지금부터 다른 척추동물과 구별되는 포유동물의 특성을 꿀벌 군

사진 P.2 꿀벌의 유충은 유모벌nurse bees이 제공하는 로열젤리를 먹으며 성장한다.

락의 특성과 비교하여 살펴보기로 하자.

- 포유동물의 번식률은 극단적으로 낮다. 꿀벌도 마찬가지다(사진 P.1)(▶제2장, 제5장)
- 포유동물의 암컷은 자손을 양육하기 위해 일시적으로 젖샘에서 젖을 분비한다. 꿀벌의 암컷인 일벌도 왕유, 즉 로열젤리royal jelly를 분비한다(그림 P.2)(▶제6장)
- 포유동물은 자손에게 위험한 외부 세계와 차단된, 안전한 양육 환경을 제공한다. 자궁은 그러한 최적의 환경이다. 꿀벌 역시 벌집이라는 '사회적 자궁social uterus' 속에서 유충을 안전하게 양육한다. (사

사진 P.3 일벌들은 믿을 수 없을 만큼 정교하게 벌집의 기후를 조절한다.

진 P.3) (▶제7장, 제8장)

- 포유동물의 체온은 약 36도이다. 꿀벌은 유충의 체온을 섭씨 35도로 일정하게 유지한다. (사진 P.4) (▶제8장)
- 포유동물은 커다란 두뇌로 척추동물 중 가장 뛰어난 학습능력과 인지능력을 소유하고 있다. 꿀벌의 학습능력과 인지능력은 척추동물을 능가할 정도다. 가히 무척추동물 중 최고라고 할 수 있다. (사진 P.5) (▶제4장, 제8장)

인간을 비롯한 포유동물의 특성이 꿀벌 군락에 그대로 적용된다는 사실은 매우 놀랍다. 가히 '명예 포유동물$^{honorary\ mammals}$' 이라고 불러도 손색

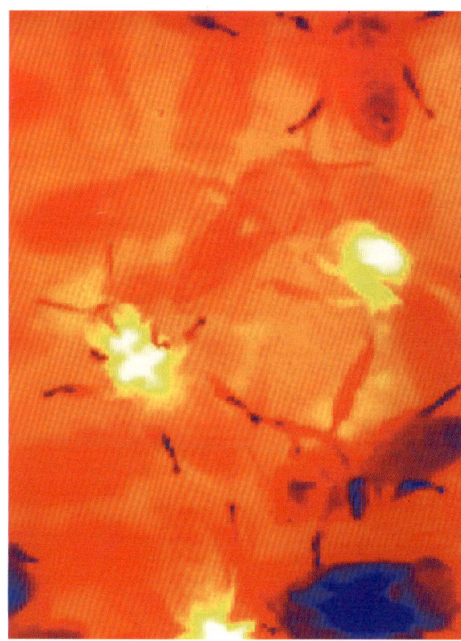

사진 P.4 벌집의 난방을 담당하는 일명 난방벌$^{heater\ bees}$은 유충의 체온을 포유동물의 체온과 채 1도도 차이가 나지 않는 상태로 유지한다.

이 없을 정도다. 그렇다면 단순히 표면적으로 유사할 뿐인가? 결코 그렇지 않다.

단순히 표면적인 유사성이 아닌 그 이상의 것을 보려면 포유동물과 꿀벌의 공통 특성, 즉 환경에 최적으로 적응하기 위한 공통의 해답이 "어떤 기능을 하는지" 살펴야 한다. 지금부터 전혀 다른 동물군에서 공통 특성이 발견된 원인을 찾아 떠나는 기나긴 여정을 시작하고자 한다. 이는 분명 의미 있는 일이 될 것이다.

그러므로 이렇게 물을 수 있다. "우리는 해답을 알고 있다. 그렇다면 이런 해답에 이르게 된 문제는 무엇인가?"

진화의 산물로서 고공비행이 가능해진 생물군의 경우 주위 환경이 만

사진 P.5 꿀벌은 언제, 어느 곳에 꿀이 있는지, 밀원을 어떻게 다루어야 하는지 누구보다 빨리 배운다.

들어내는 우연으로부터 독립적일수록 경쟁자들보다 유리한 위치를 차지한다. 환경은 예측이 불가능할 정도로 변덕스럽다. 이러한 환경 요인이 개체군의 생존과 번식을 좌우하는 선택 요인으로 작용하여, 그 개체군의 광범위한 특성들 중 어떤 것이 좋고 어떤 것이 나쁜지 평가한다. 이로써 생존과 번식에 유리한 특성은 그대로 남고, 불리한 특성은 사라진다. 이것이 바로 다윈이 말한 진화론의 핵심이다.

변화무쌍한 환경 속에서 모든 유기체는 수적으로 많고, 질적으로 다양한 자손의 배출을 요구받는다. 이는 본능적인 생존전략이다. 그러나 특정 유기체 무리가 진화를 거듭하여 어떤 환경에서도 적응할 수 있는 특성을 갖게 되면, 그리하여 예측 불가능한 환경으로부터 적잖이 자유로운 상태가 되면, 적은 수의 자손을 배출해도 문제가 되지 않을 것이다. 포유동물과 꿀벌은 이런 특별한 범주에 속한다.

이들은 능동적인 비축경제 활동을 통해 환경의 변덕스러운 에너지 공급에 영향을 받지 않을 뿐만 아니라, 스스로 영양분을 생산함으로써 환경의 불완전한 먹이 공급에도 좌우되지 않는다. 또한 안전한 생활공간을 조성함으로써 적으로부터 스스로를 보호하며, 생활공간의 기후까지도 적절하게 조절함으로써 날씨에도 구애받지 않는다. 이런 능력을 구비하지 못한 여타 생물군에 비해 단연 우월성을 가질 수밖에 없다.

이는 포유동물과 꿀벌들로 하여금 환경 조건과 무관하게 생존할 수 있도록 한다. 물질과 에너지를 적절하게 이용하고 복합적인 전체 조직을 '관리' 함으로써 독립성을 획득할 수 있다(제10장). 그러므로 낮은 번식률은 생활조건을 최적화한 결실이라고 할 수 있다. 경쟁에 강하고 번식률이 낮은 생물체들은 자손을 적게 생산함으로써 서식지가 제공하는 생존 가능성 안에서 안정된 개체 수에 도달한다. 대폭 변화하는 환경 가운데 자손이 적은 것은 원래는 불리하지만, 척박한 환경에 대처할 줄 알고, 생태적 지위를 스스로 생성·유지할 수만 있다면 자손이 적은 것은 문제가 되지 않는다.

꿀벌들은 그것만으로 충분하지 않은 듯, 환경을 조절하는 능력을 극대화하였다. 그리하여 꿀벌 군락은 잠재적으로 불멸의 상태에 이르렀다. 또한 진화의 막다른 골목에 맞닥뜨리지 않도록 '유전적인 카멜레온' 처럼 계속적으로 유전 장비를 변화시키는 방법도 발견하였다(제2장).

일반적으로 피드백을 통한 조절은 생물의 기본적 특성이다. 모든 생물은 자신의 '내부 환경'을 적절히 조절한다. 유기체 내부에서 에너지, 물질, 정보가 최적화되는 것이다. 체온은 에너지 공급과 방출의 결과이며, 체중은 물질의 공급과 방출의 균형 상태이다. 월터 캐논$^{\text{Walter B. Cannon}}$은 그의 저서 『몸의 지혜$^{\textit{The wisdom of the body, 1939}}$』에서 신체의 변수가 내적인 평형 상태를 유지하려는 조절 현상을 항상성^{homeostasis}이라고 명명하고, 이를 연구하는 생물학 분야를 생리학이라고 규정했다. '부분의 합으로 이루어진 포유동물'인 초개체 꿀벌 군락에 생리학의 개념을 적용한 사회생리학^{sociophysiology}은 꿀벌 군락에서 조절 값이 항상성에 의거하여 조절되는지, 어떤 값이 그렇게 되는지, 이것이 꿀벌 군락에서 구체적으로 어떻게 이루어지는지, 그 모든 것이 무엇에 기여하는지 연구한다(제6장, 제8장, 제10장).

포유동물의 생리학과 꿀벌의 사회생리학은 놀랍게도 비슷한 '해답'에 도달한다. 이를 유사^{analogy} 또는 수렴^{convergence}이라고 한다. 새의 날개와 곤충의 날개는 유사의 좋은 예다. 날개의 고안이라는 '해답'에 도달한 새와 곤충의 공통 '문제'는 '공중에서 이동'하는 것이었다.

포유동물과 꿀벌의 특성이 일치하는 것을 보며 다음과 같은 질문을 던지게 된다. "수렴 현상으로 해결하려고 한 공통의 문제는 무엇인가?" 앞서 살펴본 모든 특성들은 포유동물과 꿀벌을 여태까지의 그 어떤 생물보다 변덕스런 환경에서 독립적인 존재로 만들어주었다. 이렇게 조절된 독립성은 일생 동안 늘 동일하게 적용되는 것이 아니라 유기체의 생명주기 가운데 특히 위험한 단계에서 더욱 위력을 발휘한다(제2장).

적지만 최상으로 무장하여 변덕스러운 환경이 만들어내는 우연에 휘둘리지 않는 자손을 생산하고 세상에 내보내기 위해 초개체인 꿀벌 군락은 포유동물과 당황할 정도로 닮은 비법을 활용한다. 꿀벌은 이 목적을 달성하기 위해 고유의 능력과 특성을 발전시켰다. 이러한 특성은 생물 세계 내에서도 매우 놀라운 현상에 속한다. 이제 복잡한 꿀벌 '현상'에 한 걸음 더 다가가 보자.

가장 작은 가축
– 사진으로 살펴보는 꿀벌의 세계

꿀벌의 학명은 'Apis mellifera', 즉 '꿀을 나르는 벌'이라는 뜻이다.

꿀벌은 여름에 약 5만 마리, 겨울에 약 2만 마리가 무리를 지어 산다.

꿀벌은 꿀꿀과 꽃가루를 모은다. 꽃꿀은 꿀벌의 입에서 분비되는 효소로 인해 미네랄이 풍부한 벌꿀이 되고, 꽃가루는 그 자체로 단백질이 풍부한 영양분 덩어리이다.

꽃꿀은 꿀벌의 소화기관 앞에 있는 꿀주머니에 넣어 나르고, 꽃가루는 긴 털로 덮여 있는 종아리 부위에 묻혀 나른다.

꿀벌이 분비한 밀랍은 벌집의 재료로 사용되고, 벌집은 꽃꿀과 꽃가루의 저장고이자 유충을 키우는 방으로 활용된다.

꿀벌은 수분 활동을 매개하는 방식으로 인간을 위해 일한다.

인간은 인공 벌집에서 꿀과 꽃가루, 프로폴리스, 로열젤리 등을 수확한다.

일벌은 암컷이지만 생식이 불가능하다.

수벌은 번식기에만 배출된다. 수벌의 존재 목적은 오직 처녀 여왕벌과 짝짓기를 하기 위한 것이다.

꿀벌 군락에 여왕벌은 오직 하나다. 여왕벌은 배 부분이 다른 벌보다 2배 이상 길어 구별이 쉽다.

꿀벌은 식물의 싹이나 열매, 꽃, 잎 등에서 송진을 모아 '프로폴리스'라는 아교와 같은 물질을 만들어 벌집에 바른다. 인간은 이를 채취하여 의료용으로 사용한다.

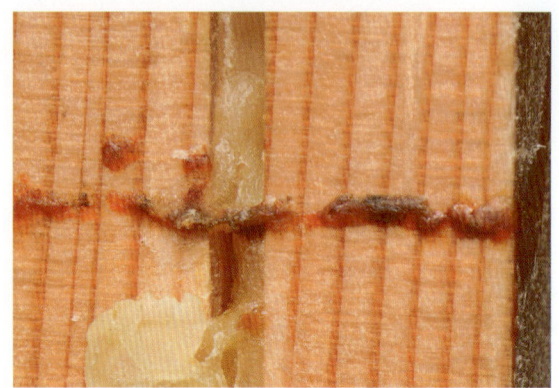

여왕벌은 방 하나에 알 하나씩을 낳는다. 여름 한 철에 알을 낳는 횟수는 20만 번에 이른다.

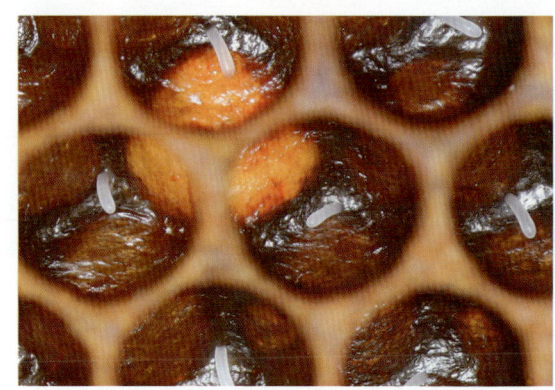

꿀벌 유충은 알에서 깨어난 뒤에 번데기 과정을 거쳐 성충이 된다.

암컷은 수정된 알에서 태어나지만, 몸짓이 좀 더 큰 수컷은 수정되지 않은 알에서 태어난다.

일벌은 벌집을 짓는 일부터 시작하여 벌집을 청소하는 일, 벌집을 지키는 일, 유충을 돌보는 일 등 여러 일을 거친 뒤에 나이가 들어서 마지막 단계로 꿀을 채집하는 일에 나선다.

유충을 돌보는 일은 벌집 내부에 있는 일벌의 몫이다.

꿀을 채집하는 벌은 주로 '외근'을 한다.

꿀벌은 화학적·역학力學적인 신호를 이용하여 의사소통을 한다. 춤 언어도 여기에 속한다.

여름이 되어 새로운 여왕벌이 탄생하면 로열젤리를 공급하며, 특별히 제작한 왕대에서 양육한다. 새로운 여왕벌은 일생에 단 한 번뿐인 혼인비행에서 수벌들과 짝짓기를 한다.

일벌은 여왕벌에게 일생 동안 로열젤리를 공급한다. 시녀벌court bees의 각별한 보살핌을 받으며 여왕벌은 오직 알을 낳는 일에만 전념한다.

분봉을 앞두고 꿀벌들이 무리 지어 모여 있다. 여왕벌은 군락의 상당수를 이끌고 새로운 벌집을 찾아 떠난다.

벌집에서 겨울을 나는 꿀벌은 서로 바짝 달라붙어 날개근육을 움직임으로써 체온을 유지한다. 필요한 에너지는 벌집에 저장해 놓은 꿀에서 얻는다.

꿀벌은 간혹 침을 사용하여 스스로를 방어한다.

꿀벌은 농작물의 수분 활동에 관여함으로써 유럽에서 세 번째로 중요한 가축으로 평가되고 있다.

꿀벌은 현화식물(꽃이 피어 씨로 번식하는 식물-역주)의 다양성을 보장하는 가장 중요한 매개체다.

01 꿀벌의 탄생

적절한 조건 내에서 초개체 꿀벌의 탄생은 필연적이었다.

45억 년 전 지구에 처음으로 생물체가 등장한 이래 오늘날까지도 생명의 발생과 번식은 계속 이어지고 있다. 그로 인해 생물다양성을 확보할 수 있었는데, 이를 가능케 한 기본적인 원칙과 방법은 다음과 같다.

생물다양성의 원동력은 "살아남기 위한 의지"이며, 이는 곧 경쟁자들을 앞지르는 강한 번식력으로 나타났다. 번식은 추상적인 의미로 스스로를 복제하는 행위이다. 즉 '클론'을 의미한다. 생물의 세계에서는 유전물질만이 복제가 가능하다. 생물체의 유전정보를 전달하는 핵산은 수없이 많은 뉴클레오티드^{nucleotide}가 연결된 사슬 모양의 고분자 유기물로서 각각의 사슬은 당과 인산을 축으로 아데닌, 티민, 구아닌, 시토신 등 4가지 서로 다른 유기염기가 연결되어 있다. 복제는 기존의 염기 결합이 분리되면서 시작하는데, 각각의 가닥에 상보적인 염기가 결합하는 네거티브 복제 negetive replica 과정을 거쳐 완성된다.

과거의 어느 한 시점에 새로운 분자 유형이 발생하여 여러 대안을 제치고 끝까지 살아남아 복제의 복제를 거듭하는 흥미로운 여정을 거듭하였다. 그리하여 그 유전물질은 수십 억 년을 넘어 오늘날에 이른다.

스스로를 복제할 수 있었던 분자들이 복제를 위한 기본적인 자원을 두고 치열하게 경쟁했을 것이라는 사실은 그다지 상상하기 어렵지 않다. 복제의 자원은 늘 부족했고, 경쟁이 치열할수록 그 희소성은 더욱 커졌을 것이다. 따라서 복제를 더 빠르고, 더 경제적으로 할 수 있도록 도와주는 효소^{enzymes}를 가진 분자들은 경쟁자들보다 한발 앞서갈 수 있었다. 이 과정에서 새로운 분자 형태의 발생이 늘 완전할 수는 없었다. 용인할 수 있을 만큼의 불완전성은 생명의 다양성을 가져왔다. 만약 이러한 과정이 없었다면 새로운 생명체가 발생하기는 어려웠을 것이다. 오늘날도 마찬가지다. 복제의 실수로 인한 돌연변이는 새롭고 다양한 유형을 발생시키는 원천이 되었다. 이들 유형이 생존과 도태의 과정을 거치는 동안에 핵산의 사슬은 헤아릴 수 없을 만큼 다양해졌다. 생명체 개개의 유전체 또는 유전정보가 다른, 다양한 생명체가 등장한 것이다.

40억 년 이상의 시간이 흐르는 동안 핵산 분자는 더욱 다양해졌다. 그만큼 외부 환경에 영향을 받기 때문이다. 하지만 그 덕분에 매우 다양한 포장^{packaging}을 얻을 수 있었다.

그렇다면 핵산은 왜 유기체 내부에 깊숙이 숨어 있는 것일까? 그것은 결코 수줍음이나 겸손함 때문이 아니다. 오히려 끊임없이 강력하게— 다른 핵산과 경쟁하며— 자신의 복제 능력을 개선하기 위해 몰두하고 있다. 이 일에 포장은 무슨 역할을 할까?

꿀벌의 진화

먼 옛날 유전물질은 아무런 포장도 없이 그대로 노출되어 있었다. 이후 오늘날의 생명 형태에 이르기까지 다음과 같은 변화를 거쳤다.

- 시간이 지나면서 생명체의 구조는 점차 복잡하게 변화한다.
- 생명체의 구조는 부분의 합보다 더 많은 능력을 갖는다.
- 생명체의 구조가 그를 구성하는 요소들의 행동을 결정한다.

유전물질 그 자체는 결코 점차 복잡하게 변화하지 않는다. 변화하는 것은 단지 유전물질의 포장일 뿐이다. 진화 과정에서 나타나는 위의 세 가지 경향은 경쟁에서 살아남아 더욱 번식하려는 유전물질의 본능에 따른, 이른바 표현형^{phenotype}, 즉 포장과 관계가 있다.

35억 년 전 복합적인 조직의 형태를 갖춘 최초의 생명체로서 무핵세포가 등장했다. 이들 세포는 독자 생존이 가능한 비의존성 세포로서 주위 환경으로부터 유전정보를 재구성하는 데 필요한 물질과 에너지를 취하였다.

독자 생존이 가능한 단세포는 오늘날에도 존재하며, 자연경제에서 매우 중요한 역할을 담당한다. 진화의 기초 단계에 머물러 있는 박테리아와 단세포생물은 끊임없이 다세포생물과 경쟁하고 있다. 그렇지 않다면 그 것들은 존재할 수 없었을 것이다. 단세포생물이 다세포생물로 진화하기 시작한 것은 지금으로부터 6억 년 전, 즉 세포가 등장한 후 거의 30억 년이 지난 뒤였다. 세포분열 이후 서로 완전히 분리되지 않고 붙어서 한층 더 복합적인 생명 형태로 도약한 것이다. 우연한 '사고'로 분업과 협동이라 는 두 가지 결정적인 특성의 이점이 발견되었다. 이를 통해 유전물질의 번식에 유리한 '(유전자) 운송 수단'이 등장하게 되었다.

기존의 구성 요소가 결합하여 복합적인 구조가 탄생하였다. 그것은 틀림없는 사실이다. 그런데 왜 복합적인 구조가 더 유리한 것일까? 무엇이 복합적인 구조를 더 유리하게 만든 것일까?

복합체를 이룬 각각의 구성 요소는 각기 다른 과제를 해결할 수 있으므로 생존에 유리하다. 특성화된 구성 요소들이 다양한 문제를 순서대로 해결하는 것이 아니라 동시에 해결할 수 있기 때문이다. 다세포생물체에 속한 다양한 세포들처럼 한 번 특성화된 전문가들이 탄생하면, 그들의 활동은 체계적으로 조직화되면서 외부 환경에 맞설 새로운 가능성을 얻는다. 오늘날 지구상에 존재하는 대부분의 생명체가 다세포생물이라는 점에서 이는 성공적인 출발이라고 할 수 있다.

그런데 다세포생물의 탄생과 더불어 생물 세계는 '예정된' 죽음을 피할 수 없게 되었다. 유전물질이 유기체의 형태로 만들어낸 운송 수단은 유한하다. 영원한 경쟁 속에서 유한성은 좋은 출발 조건이라고 할 수 없다. 체세포의 일부를 보존함으로써 '항구적인 복제 시스템'을 도입하는 것은 이러한 딜레마를 극복하기 위한 최선의 방법이었다. 따라서 다세포생물은 유전물질의 전달을 특별한 세포에게 맡겼다. 남성 생식세포와 여성 생식세포가 그것이다. 그 결과 세대를 묶어주는 혈통이 생겨나고, 유전물질의 전달과 확산은 전달자의 죽음과 무관하게 되었다. 즉 복합적인 하부조직을 갖춘 다세포 유기체가 유전물질 전달을 위한 유한성의 문제까지 해결한 것이다.

생식세포

지금까지 설명한 진화론적 대도약$^{\text{quantum leaps}}$에는 한 가지 공통점이 있다. 그것은 구성 요소들이 더 새롭고, 더 크고, 더 복합적인 구조로 결합한다는 것이다. 각 단계에서 새로운 차원의 복합성이 추가되면서 전에는 생각지도 못했던 완전히 새로운 가능성이 열렸다. 그렇다면 도약의 다음 단계는 복합적인 다세포 유기체들이 모여 '초개체'를 이루는 일일 것이다(사진 1.1). 지구상에서 진행되는 진화를 처음부터 관찰했다면 언젠가 이러한 초개체가 등장하리라는 것을 충분히 예견할 수 있었으리라. 그 시기가 조금 늦을 수도 있고 조금 빠를 수도 있을 뿐, 초개체로의 진화는 결국 일어날 수밖에 없는 일이었다. 유일한 전제 조건은 적절한 자원이 존재하는 것이었다. 상상에 날개를 달아 조금 더 생각을 이어가 보면 앞으로 언젠가 초개체들이 모여 초-초개체를 이룰 수도 있을 것이다. 그러나 진화는 아직 거기까지 나아가지 않았다. 언젠가 그러한 방향으로 나아갈지도 모르지만, 지금으로서는 아무것도 단정할 수 없다. 다만 특정 개미 종에게서 그러한 징후가 발견되고 있다.

사진 1.1 복합적인 생명으로 진화하는 과정에서 나타나는 결정적인 도약들. 스스로 복제품을 만들어내고, 복제품으로 살아가는 반복적인 라인(여기서는 붉은 점들로 표시한)은 생명이 시작되는 순간부터 지금까지 끊임없이 이어지고 있다. 이런 불멸의 선은 유전물질의 복제품을 세대에서 세대로 전수한다. 이 라인은 점점 복잡해지는 유한한 구조로 둘러싸인다. 우선 핵 속에서 세포들이 탄생하고, 세포들이 뭉쳐 유기체를 이루며, 유기체의 생식세포를 통해 불멸의 라인은 계속된다. 그리고 조건들이 맞아떨어질 때 각각의 유기체가 모여 초개체(초유기체)가 탄생한다. 여왕벌들과 수벌들이 생식 라인을 이어가는 꿀벌 군락처럼 말이다. 그림에서 비어있는 동그라미들은 복제가 가능한 단위를 돕기 위해 고안된, 복제가 불가능한 유한한 단위들로서 개별적인 유기체에서는 체세포가 되고, 초개체 꿀벌 군락에서는 일벌이 된다.

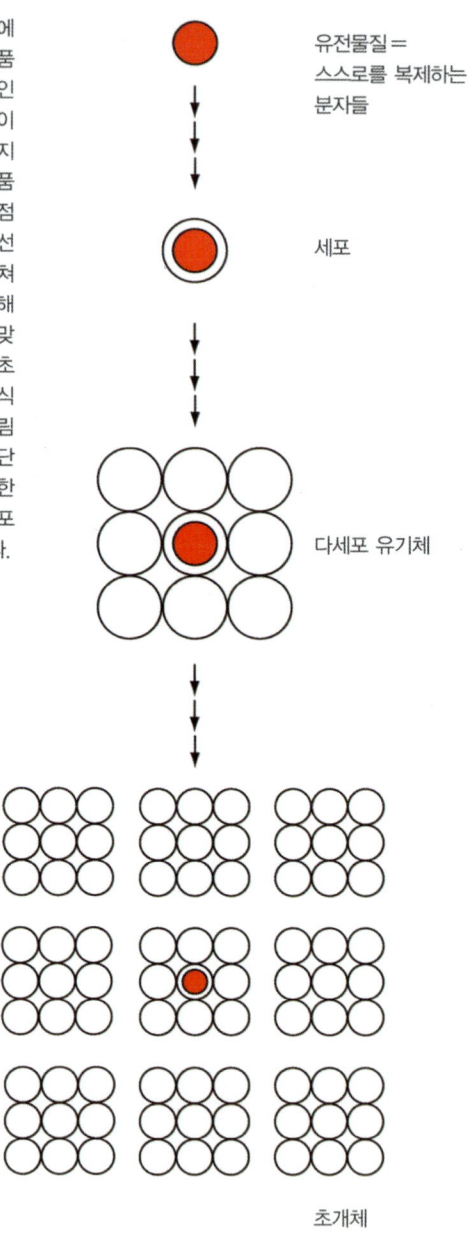

초개체의 등장

이러한 관점에서 보면, 꿀벌은 진화론적으로 등장할 수밖에 없었던 필연적인 존재라고 할 수 있다. 결국 언젠가는 '일어나고야 말' 현상이었던 것이다. 세부적인 특성이 조금 다른, 우리에게 잘 알려진 꿀벌과 다른 모습의 초개체가 나타났을 수도 있다. 그러나 '초개체 꿀벌 군락'이라는 기본 조직을 능가할 대안은 없었다.

꿀벌 현상은 해당 전제 조건이 충분히 이루어졌기 때문에 '일어날 수' 있었다. 초개체의 탄생을 이론적으로 점치는 것과 그것이 실제로 실현되는 것은 별개이다. 자연계에서 중요한 의미를 갖는 초개체는 막시류(얇은 막질의 날개를 가진 개미, 벌 따위의 곤충류-역주)에서만 탄생했고, 개미를 비롯하여 꿀벌이나 뒝벌, 말벌에 한정된다. 이들 초개체 탄생의 전제에 관해서는 제9장에서 살펴보기로 하고, 우선 지금은 꿀벌의 현재 상태를 세부적으로 살펴보기로 하자.

초개체 꿀벌 군락처럼 매우 복합적인 체계가 등장했다. 그러나 그 체계 역시 더 간단한 체계와 마찬가지로 유전자 운송 수단일 뿐이다. 더 세련된 포장 속에 있다 할지라도 유전물질의 목표는 예나 지금이나 똑같다. 원시 수프$^{primeval\ soup}$(유전자의 바다라는 의미로 30~40억 년 전 지구의 바다를 일컫는 말-역주)의 분자들이 추구했던 것과 똑같은 목표, 즉 경쟁자보다 더 성공적으로 자신을 증식시키는 것이다. 물론 분자들이 목표를 추구하는 것은 아니다. 그러나 진화 과정을 살펴보면, 마치 목표를 추구하듯 능동적으로 스스로 복제의 복제를 거듭하는 단위들이 결국 살아남는다는 것을 알 수 있다. 이를 사실 그대로 묘사하기는 어렵기 때문에 편의상 "분자들이……을 추구한다.", "분자들이……을 하고자 한다.", "목표를 좇는다." 등의 간편한 말로 바꾸어 쓰기로 한다.

다세포생물에서 생식세포라는 특별한 세포가 유전물질을 전달했던 것과 마찬가지로 초개체에서는 특화된 동물이 유전물질을 전달한다. 그리하여 유전자를 직접 전달하는 소수의 생식동물과 번식은 하지 않지만 개체군을 유지하는 데 중요한 역할을 담당하는 다수의 개체로 이루어진 초개체가 탄생했다.

위에서 주장한 대로 복합적인 구조는 정말로 그 구조를 이루는 각각의 구성 요소들보다 더 능력이 있을까? 그런 주장이 꿀벌에게서도 입증될 수 있을까? 부분들로 구성된 복합 구조는 더 아래 차원의 대상들보다 더 많은 구성 요소를 가지고 있고 그로써 부분들 간의 상호작용의 가능성도 더 많이 확보하게 된다. 그리하여 복합적인 구조는 적절한 전제 조건하에서 각 구성 요소의 특성으로는 설명할 수 없는 특성을 발현한다. 전체는 부분의 합보다 더 많다고 이미 아리스토텔레스도 말하지 않았던가? 그리하여 꿀벌 군락은 개체 사이의 정보 흐름을 토대로 연합체를 이루지 않는 독립적인 꿀벌이 내릴 수 없는 결정을 내릴 수 있다. 수많은 개체의 연합을 통해 얻은 꿀벌 군락의 능력은 제10장에서 자세히 살펴볼 예정이다.

복합체는 정말로 각 구성 요소의 특성을 결정하거나 특성에 영향을 끼칠까? 이런 현상 역시 꿀벌 군락에서 나타난다. 각 꿀벌은 꿀벌이 만들어낸 생활조건의 영향을 받는다. 제6장과 제8장에서 꿀벌 생태에 필수적인 선택권을 상세히 살펴볼 것이다.

02 | 불멸의 여정

꿀벌은 외부 환경으로부터 물질과 에너지를 취하여,
이상적인 새 여왕벌 군락을 배출한다.
이것이 바로 꿀벌의 생태학이다.
이러한 통찰은 꿀벌의 뛰어난 능력과 업적을 이해하는 열쇠가 된다.

번식과 섹스는 원칙적으로 별개의 일이다. 섹스가 없이도 번식이 가능하고, 번식 없는 섹스도 가능하기 때문이다. 번식은 개체 수를 늘리는 일이며, 이는 섹스를 통하지 않고 세포분열을 통해서도 간단히 이루어질 수 있다. 하지만 섹스를 매개로 한 유성생식에서는 두 성의 생식세포가 결합하여, 한 개체군에서 보다 다양한 유형의 개체가 탄생한다. 이러한 다양성은 자연선택의 가능성을 풍부하게 함으로써 진화를 촉진한다. 유전자의 돌연변이도 동일한 효과를 갖는다. 다만 돌연변이는 우연히 이루어진다. 섹스는 우연에 의존하지 않고, 모든 수정 과정을 거쳐 확실하게 새로운 유형을 배출한다.

고등동물의 경우 섹스 없는 번식이 불가능하다. 우리가 섹스와 번식을 따로 떼어서 생각하기 어려운 것은 바로 그 때문이다. 한편, 단세포생물도 번식 없는 섹스가 가능하다. 단세포생물들끼리 결합하여 유전자를 교환한 다음 분리되는 과정이 그 좋은 예이다. 이 경우 섹스는 있지만 개체 수는 늘어나지 않는다. 즉 번식과 무관한 섹스가 이루어진 것이다. 그러나 유전정보를 교환했기 때문에 새로운 유전자 유형이 탄생할 수 있고, 이를 통해 개체의 다양성이 증가된다.

번식과 섹스

　꿀벌 군락을 비롯하여 열대의 침 없는 벌 군락은 특이한 번식과 섹스로 동물 세계에서 특별한 위치를 차지하고 있다. 흔히 유성생식을 하는 동물들은 짝짓기를 한다. 그리고 짝짓기를 통해 태어난 자손들은 마찬가지로 짝짓기를 통해 다음 세대를 생산한다. 그러나 꿀벌은 다르다.
　간단한 사고 실험(사물의 실체나 개념을 이해하기 위한 가상의 머릿속 실험-역주)을 통해 이를 살펴보면 다음과 같다. 꿀벌 군락 관찰자에게 생식능력이 없는 벌들은 보이지 않는다고 가정하자. 그러면 갑자기 넓은 복도에 서 있는 한 마리 아주 고독한 여왕벌만이 눈에 들어올 것이다. 여왕벌은 일 년에 딱 한 번 하나 내지 셋 정도의 딸을 만들어 내는데, 이 딸이 자라 그 어머니가 그랬듯이 옛 벌집이나 새 벌집에서 같은 방식으로 번식한다. 이를 위해 여름 한철 동안 젊은 여왕벌과 짝짓기를 하기 위해 몇천 마리의 수벌들이 만들어진다. 이 수벌들은 이웃한 다른 벌집의 여왕벌들과 짝짓기를 한다(사진 2.1).

사진 2.1 번식능력이 없는 벌들이 보이지 않는다고 가정하면 여왕벌과 때로 몇 마리의 수벌만이 눈에 들어올 것이다.

번식이 가능한 암컷의 수가 수컷에 비해 극도로 적지만 수명은 수컷보다 훨씬 길고, 그러한 암컷의 세대가 독특한 시간적 간격을 두고 이어진다는 점만 아니라면 꿀벌의 성적 행동과 번식 행동은 우리에게 그다지 특이해 보이지 않을 것이다.

꿀벌들이 번식기마다 둘 내지 셋 정도의 딸을 생산하는 것은 다른 곤충에 비하면 눈에 띄게 적은 편이다. 다른 곤충들은 하나의 암컷이 수백 내지 수만 마리의 생식 동물을 생산하며 암컷과 수컷의 비율은 거의 비슷하다. 번식에서 암컷은 수컷보다 훨씬 더 가치가 있다. 수컷들은 대량 생산된 값싼 정세포를 생산하지만, 암컷들은 소량 생산된 값비싼 난세포를 생산하기 때문이다. 그러므로 순수하게 '생식 기술'만 고려한다면 수컷은 적어도 무방하지만 암컷은 되도록 많아야 한다.

꿀벌처럼 암컷의 수가 극도로 적고, 수컷이 많은 것은 당황스럽다. 상황이 정반대라면 훨씬 더 이해하기 쉬울 것이다. 수컷은 소수라도 많은 난자를 수정시키기에 충분한 정자를 제공할 수 있기 때문이다. 수태 능력이 있는 암컷, 즉 여왕벌의 등장과 관련하여 꿀벌 특유의 독특한 시간적 리듬은 더욱 놀랍다. 대부분의 동물들은 생리와 환경 조건이 허락하는 한, 보통 하나의 시공간에 되도록 많은 세대를 집어넣는다. 그러나 꿀벌은 다르다. 도대체 꿀벌의 선택에는 어떤 의미가 있을까?

생식이 가능한 암컷을 극단적으로 적게 생산하는 것은 여러 가지 관점에서 매우 위험한 일이다. 찰스 다윈은 살아남기 위해 수적으로 많을 뿐만 아니라 다양한 자손을 생산해야 한다고 주장한다. 그러나 이 원칙은 꿀벌에게 통하지 않는다. 꿀벌은 다양성의 폭이 좁고 자연선택의 가능성이 그리 넓지 못하다. 소수의 자손이 멸절해 버리면 그들의 유전자는 한 개체군의 유전자군에서 완전히 사라져 버릴 수도 있다.

적극적인 양육 태도를 보이는 동물들은 일반적으로 자손을 적게 낳는다. 자손의 생명을 보호하는 일종의 안전장치인 셈이다. 경우에 따라 자손이 성적으로 성숙할 때까지 보호가 이어지기도 한다. 이렇게 세심하게 보호를 받은 자손은 환경의 영향에 방치된 자손들보다 더 안전하게 개체군의 유전자를 다음 세대로 전달할 수 있다. 보통 한배에 새끼를 하나 내지 둘 낳는 커다란 포유류가 이런 특성을 지닌다. 그런 포유류의 자손들은 오랫동안 정성 어린 보호를 받는다. 새끼의 수가 적을수록 더 집중적으로, 더 오랫동안 돌보아진다.

사진 2.2 초개체 꿀벌 군락의 '구성원'은 생식이 가능한 여왕벌과 생식이 불가능한 다수의 일벌, 번식기에만 존재하는 여러 수벌들로 이루어진다.

이런 상황을 꿀벌들에게 적용할 수 있을까? 그렇다. 꿀벌들은 그들의 젊은 여왕벌을 잘 돌보기 위한 인상적인 메커니즘을 보여준다.

다시 우리의 사고 실험으로 돌아가 번식 능력이 없는 꿀벌들까지 볼 수 있게 된다면 갑자기 벌집은 벌들로 북적이게 될 것이다(사진 2.2).

처녀 여왕벌 군락

벌집의 모든 벌들은 처녀 여왕벌에게 안전한 환경을 제공함으로써 꿀벌의 무리를 완벽하게 거느릴 수 있도록 돕는다. 기존의 여왕벌은 원래 군락에서 약 70퍼센트가량의 일벌을 데리고 옛 벌집을 떠난다. 남은 새 여왕벌, 즉 떠나는 여왕벌의 젊은 딸은 일벌의 1/3을 선물 받을 뿐 아니라 꿀과 꽃가루는 물론, 애벌레로 가득 채워진 완벽한 벌집을 지참금으로 받는다. 이보다 더 좋은 출발 조건은 상상할 수 없다.

꿀벌 군락은 하나 이상의 새로운 군락을 배출한다. 즉 벌집에 남은 처녀 여왕벌이 둘이라면 다시 두 개의 무리로 나누어지는 것이다. 이렇게 또 하나의 무리가 만들어지는 경우 벌 떼의 규모는 그리 크지 않다. 그런데 생존능력은 벌떼의 크기에 좌우되기 때문에 이렇게 추가로 분봉된 무리가 너무 적을 경우에는 생존가능성이 낮다.

꿀벌이 암컷 생식동물을 극도로 적게 생산하는 것은 새로운 여왕벌을 중심으로 분봉을 최소화하기 위한 것이다.

처녀 여왕벌 군락을 완벽하게 형성한 후에 번식하는 것은 전 동물계를 통틀어 아주 드물고 특이한 전략이다. 곤충들 중에서 꿀벌을 제외하면 열

사진 2.3 분봉을 위한 첫 번째 준비 작업으로 군락 내에 여왕벌을 위한 새 방이 만들어진다. 우선적으로 벌집 하단에 여러 개의 왕대 queen's cell 가 만들어진다.

대 지역에 서식하는 침 없는 벌과 개미만이 그러한 전략을 구사한다.

보통의 경우 분봉은 대략 4월에서 9월 사이에 이루어진다. 한 군락에 속한 벌의 수가 최대에 달하고, 벌 떼가 빠져나가도 그 손실을 상쇄할 만큼 충분한 유충이 있으면 새로운 여왕벌이 생산된다. 기존의 군락이 분봉을 준비하고 있음은 분봉이 이루어지기 2주 내지 4주 전에 왕대에서 감지된다. '손가락 모양의 모자'처럼 생긴 왕대는 벌집 아래쪽 가장자리에 만들어진다(사진 2.3).

왕대가 만들어져 있어도 분봉에 임박해서야 비로소 그곳에 알을 낳고 유충을 양육한다. 하나의 꿀벌 군락에 미래의 여왕벌이 될 수 있는 유충은 최대 25마리까지 존재한다. 그러나 이들 중 대부분은 여왕벌이 되지

사진 2.4 분봉 전에 일벌들은 꿀주머니에 꿀을 채운다. 새로운 거처를 찾아 입주할 때까지 먹을 식량이다.

못한다. 가장 빠르게 발육한 애벌레가 번데기가 될 무렵이 되면 분봉의 시점이 임박한 것이다. 기존의 여왕벌은 새 여왕벌이 깨어나기 며칠 전에 무리를 거느리고 군락을 떠난다.

분봉이 코앞에 닥쳐오면 기존의 여왕벌과 함께 떠날 일벌들은 가장 먼저 벌집에 저장된 꿀을 챙긴다(사진 2.4). 식량은 최대 열흘간 견딜 수 있는 분량이다. 그 전에 새로운 거처를 찾아 정상적인 군락을 꾸려야 한다.

벌집을 떠나기 바로 직전에 이사 준비를 마친 벌들은 거칠게 주변을 날아다니며 고주파의 진동 신호를 만들어내고, 여왕벌의 다리와 날개를 물어 대며 괴롭히기 시작한다. 이어 벌집으로부터 '꿀벌의 폭포'가 흘러나오기 시작한다(사진 2.5). 벌집 주변의 상공은 벌들의 윙윙거림으로 요란하고, 벌들은 옛 둥지 근처에서 여왕벌과 함께 무리를 이룬다(사진 2.6). 이제 새 집을 찾을 차례다. 벌집을 떠난 무리들은 일령이 엇비슷하다. 아

사진 2.5 꿀벌들이 무리를 지어 벌집에서 폭포수처럼 쏟아져 나온다.

사진 2.6 무리는 옛 둥지 근처에 내려앉은 다음, 정찰벌을 파견하여 새 집을 찾는다.

주 어린 일벌과 노쇠한 일벌들만이 벌통에 남겨진다.

처녀 여왕벌들이 키워지고 군락의 규모가 또 한 번 분봉하기에 충분하지 않으면 일벌들은 왕대(안에 있는 애벌레와 함께)를 허문다. 왕대는 나중에 분봉에 필요한 경우 다시 만들어진다.

비록 소수지만 유능한 처녀 여왕벌 군락을 이루어 번식을 하는 것은 아주 중대한 결과를 초래한다. 이런 번식법은 '불멸의 복제품'이라 할 수 있는 완전한 군락을 세상에 내보내어 군락을 잠재적으로 불멸하게 만든다.

그러나 새로 만들어진 처녀 여왕벌의 군락은 유전형질의 복제품이 아니다. 모든 새로운 초개체는 유전적 독특성을 갖는다. 한 군락의 모든 벌들이 같은 어미의 자식들이라는 것을 생각하면 쉽게 이해할 수 있을 것이다. 어미가 가진 유전자가 자식들에게서 발현되고, 군락의 유전적 특징(유전적 프로필)을 이룬다. 여왕벌들이 일란성 쌍둥이라 해도 유전적으로 동일한 군락을 이룰 수 없다. 수벌들이 교미 직후 죽어버리기에 아빠가 결코 동일할 수 없기 때문이다.

분봉 후 벌통에 남은 벌들은 처음에는 분봉해서 나간 무리와 유전적으로 동일하다. 분봉해서 나간 무리와 같은 엄마에게서 태어났기 때문이다. 그러나 이런 상황은 새 여왕벌이 알을 낳기 시작하는 순간부터 달라진다. 나아가 늙은 벌들이 모두 죽고 새로운 벌들로 대치되면 '유전적 메이크업'의 전환이 마무리된다. 그러므로 오랫동안 같은 둥지에서 사는 꿀벌 군락은 '유전적 카멜레온'처럼 정기적으로 유전 장비를 바꾼다고 말할 수 있다. 같은 초개체이지만 똑같지는 않은 것이다.

기존의 여왕벌을 중심으로 이사를 떠난 원래의 군락은 여왕벌이 바뀌는 시점까지 그들의 유전 장비를 그대로 유지한다.

초개체의 생애주기

다세포 유기체의 생애주기는 네 단계로 나누어진다. 첫 번째 단계는 단세포기이고, 두 번째 단계는 성장 및 발달기이며, 세 번째 단계는 성적 성숙기다. 네 번째 단계는 마지막 단계로서 성적 성숙기와 맞물린 번식기다. 이 모든 단계를 한 세대의 생애주기라고 한다. 세대의 주기는 같은 종이라도 차이가 있을 수 있다. 환경적 영향으로 인해 각 단계마다 소요되는 시간이 달라질 수 있기 때문이다. 계절적 요인과 그로 인한 다양한 기후 상황은 모든 직간접적 결과와 더불어 실제 세대의 주기를 좌우한다.

여왕벌의 세대 주기는 알에서 발육하여 성충이 되는 배발생^{embryonic} ^{development}기로부터 짝짓기를 할 때까지 최대 한 달이 걸린다. 그러나 4주 만에 한 번씩 새로운 세대가 배출되는 것은 아니다. 꿀벌의 실제 세대 주기는 복잡하다. 번식 가능한 두 암컷의 시간을 한 세대로 계산할 때, 꿀벌의 세대 주기는 서로 다른 두 단계로 나누어진다. 즉 한 달이라는 주기의 첫 번째 단계와 거의 일 년에 달하는 두 번째 단계가 있다. 첫 번째 단계인 한 달은 어미 여왕벌이 미래의 여왕벌을 낳는 시점에서 애벌레가 완전히 자라 새 여왕벌이 되어 짝짓기를 하기까지의 시간이다. 그리고 두 번째 단계인 일 년은 새 여왕벌이 다시금 다음 세대의 여왕벌이 탄생할 알을 낳기까지의 시간이다. 엄밀히 말해 꿀벌의 세대 주기는 생리적 세대 사이에 일종의 휴식기가 끼어드는 독특한 리듬을 가지고 있다.

이런 복잡한 세대 리듬은 꿀벌 군락과 같은 초개체에서만 발견된다. 즉 여왕벌은 끊임없이 암컷을 낳는데, 꿀벌의 암컷은 일반적으로 생식능력이 없다. 생식능력을 갖춘 여왕벌이 필요할 때마다 일벌들은 왕대에 있는 애벌레에게 로열젤리라는 특별한 영양분을 공급함으로써 여왕벌을 양육한다. 이런 메커니즘은 일벌들에게 임의의 시간에 새로운 생식 동물을 양육할 수 있도록 만든다. 한겨울의 몇 주를 제외하면 꿀벌 군락에는 언제나 애벌레들이 있기 때문에 일벌들은 언제 새로운 여왕을 만들 것인지를 결정할 수 있다. 여왕벌이 만들어지는 것은 보통 일 년에 한 번뿐이다. 여왕벌은 여름에 쉴 새 없이 알을 낳기 때문에 앞선 여왕벌을 기준으로 새로운 여왕벌이 일 년에 한 번 탄생하고, 한 달이라는 짧은 생리적 세대를 거친 후 다음 여왕벌이 탄생하기까지 다시 일 년이라는 긴 휴식기가 이어진다.

일벌은 세대의 역동성을 결정한다. 세대의 시간 리듬을 능동적으로 조절하고, 짧은 생리적 세대 기간을 일 년 주기의 리듬으로 연장한다. 이렇듯 세대 주기를 조작함으로써 암컷 생식 동물의 실질적인 세대 주기를 군락의 분봉 리듬과 연결시키는 것이다.

초개체 꿀벌 군락이 분봉이라는 방식을 통해 번식하는 것은 전체 군락 차원에서 볼 때, 이미 기술한 생물의 일반적인 생애주기와 달리 매우 단순한 주기를 보인다. 즉 수정기는 물론 성장기도 거치지 않는다. 계절에 따라 군락의 규모가 들쑥날쑥할 뿐이다. 봄에는 군락의 규모가 커지지만, 초여름에는 분봉으로 인해 군락의 규모가 축소되고, 겨울에도 추위로 인해 개체 수가 많이 줄어든다. 원칙적으로 초개체는 언제나 '분열'이 가능하다. 준비만 한다면 아무런 문제가 없다.

그렇다면 왜 대다수 다세포 유기체들은 이러한 '분열'의 방식을 선택하지 않았을까?

단세포 단계로부터 출발한 다세포 유기체의 생성 및 발전 과정은 비용도 많이 들고 소모적이다. 각 단계마다 해결해야 할 특별한 문제들이 산적해 있다. 왜 자연은 복잡한 섹스를 거치지 않고 이분됨으로써 번식하는 불멸의 고양이를 배출하지 않았을까? 기술적으로나 형태적으로 간단하게 해결할 수 없었던 것일까?

이와 관련하여 유전학은 다세포 유기체가 복잡하고 까다로운 네 단계의 생애주기를 선호하는 이유를 설명해준다. 이미 앞에서도 언급했듯이 유성생식은 한 개체군 내에서 진화의 유형을 폭넓게 해주는 일종의 전제조건이라고 할 수 있다. 찰스 다윈도 이를 언급한 바 있다. 그러나 다세포 생물이 섹스를 고안하여 소수의 체세포로 하여금 번식의 임무를 맡게 한 것은 나머지 체세포의 죽음을 가져왔다. 즉 생식세포와 체세포의 노동 분업이 결과적으로 죽음의 원칙을 생명의 무대로 들여온 것이다. 이로써 사고를 당하거나 적에게 잡아먹히는 것뿐만 아니라 프로그램화된 일반적인 원칙으로서의 죽음을 피할 수 없게 되었다(사진 1.1 참고).

꿀벌은 이런 난감한 상황에서 단세포생물과 다세포생물의 장점을 고루 취하는 가장 이상적인 방법을 찾아냈다. 단세포생물의 장점인 분열법과 다세포생물의 장점인 생식기관의 특화를 연결하여 분봉이라는 간단한 방식으로 군락을 번식시키는 것이다. 즉, 꿀벌 군락은 유성생식을 하는 다른 동식물과 마찬가지로 생식 세포의 혈통을 이어감으로써 유전적 다양성을 유지하는 동시에(사진 1.1 참고), 불멸하는 초개체 군락 내에 불멸의 생식 세포를 담아, 분봉을 통한 증식이 이루어지게 한다. 이런 방법은 초개체 꿀벌 군락의 생애주기를 단순화시키며 결과적으로 초개체를 불멸하게 한다.

분열을 통한 불멸의 원리가 가장 단순한 단세포생물의 삶과 가장 복잡한 초개체의 삶에서 발견된다는 것은 놀라운 일이다.

삶과 죽음

사람들은 유서 깊은 도시에 사는 것을 자랑으로 여긴다. 천 년의 역사라느니 오백 주년 기념식이니 하는 말을 자주 입에 오르내린다. 거리와 건물은 물론 거주민도 모두 바뀌었지만 도시의 지리적인 위치와 구조는 사람들이 거주하는 통일체로서 그대로 남아 있다. 이런 의미에서 꿀벌 군락도 연속적인 통일체라고 할 수 있다.

'영원한 군락'은 구성원이 계속 보충될 때 가능한 일이다. 흔히 일벌은 4주에서 12개월마다 교체되고, 여왕벌은 3년에서 5년마다 교체된다. 수벌의 수명은 일벌과 마찬가지로 매우 짧은데, 평균적으로 2주에서 4주가량 생존한다. 실제로 5만 마리의 꿀벌 군락에서 매일 500마리 정도가 죽는 것을 감안한다면, 매일 1퍼센트씩의 꿀벌이 교체된다고 할 수 있다. 여왕벌을 제외하면 4개월 이내에 전체 군락이 교체되는 셈이다. 이런 식으로 이루어지는 교체는 군락의 유전적 동질성을 파괴하지 않는다.

하지만 새 여왕벌이 탄생하여 알을 낳기 시작하면 군락의 유전적인 구조는 완전히 새로운 것으로 바뀌게 된다. 즉 새 여왕벌의 탄생은 기존의 꿀벌 군락에 '유전적 죽음'을 가져온다. 새 여왕벌의 난자와 수벌의 정자가 만나 유전적으로 완전히 새로운 개체가 탄생하는 것이다. 이런 전환은 분봉을 통한 군락의 증식을 앞두고 새 여왕벌이 탄생될 때마다 정기적으로 일어난다. 물론 초개체에게 갑작스러운 위기가 닥쳤을 때에는 임의의 애벌레를 새로운 여왕벌로 양육하기도 한다(사진 2.7). 이처럼 꿀벌 군락은 새 여왕벌을 만들어냄으로써 더 이상 쓸모없게 되어 버린 늙은 여왕벌을 새 여왕벌로 대체하고, 새 여왕벌은 혼인비행을 통해 새로운 정자를

사진 2.7 꿀벌 군락에 위기가 닥쳤을 경우에는 유충의 방을 개조하여 여왕벌을 양육한다.

모아 일벌을 생산한다. 그러므로 같은 자리에서 자연스러운 분봉을 통해 매년 여왕벌을 교체하는 군락은 일 년에 한 번씩 유전적 '색깔'을 바꾸게 된다.

꿀벌 군락이 이렇게 '유전적 색깔'을 바꿔가며 분열하면, 분봉해 나간 새로운 군락이 정착할 장소가 부족해지지는 않을까? 하지만 그렇지는 않다. 질병이나 기생충, 강도, 영양 및 물 부족, 화재 등과 같은 불행이 정기적으로 개입하여 불멸의 군락을 파국으로 몰고 가는 경우가 허다하기 때문이다. 그 결과 새로운 군락이 생존의 기회를 얻기도 한다. 그렇지만 분봉하여 벌집을 떠난 꿀벌 군락의 생존율은 그다지 높지 않다. 이사의 모험을 제대로 견디지 못하기 때문이다. 특히 추가적으로 분봉하는 바람에

02 불멸의 여정 ••• 55

사진 2.8 꿀벌의 무리가 새로운 집을 찾지 못한 채, 악천후를 만났다.

개체 수가 적은 군락이 분봉을 한 후에 악천후를 만나기라도 하면 상황은 더욱 악화된다(사진 2.8). 물론 새로운 벌집을 찾아 첫 계절을 무사히 넘긴 군락의 미래는 밝다.

물질과 에너지의 경영

느리지만 지속적인 분열을 통한 꿀벌 군락의 불멸성은 거저 주어지지 않는다. 특히 능력 있고 강한 처녀 여왕벌의 군락은 더더욱 그렇다.

새로운 여왕벌 군락을 위한 분봉은 꿀벌의 생물학에서 부수적으로 이루어지는 일이 아니다. 꿀벌 생물학의 초점은 외부 환경으로부터 물질과

사진 2.9 태양에너지는 식물에 의해 꽃꿀 속에 당분으로 저장된다. 꿀벌은 꽃꿀을 채취하여 화학적으로 결합된 태양에너지를 벌집 속에 옮겨와 보관한다. 즉 깜깜한 벌집 속에서 꿀은 태양에너지 배터리라고 할 수 있다.

에너지를 얻고 이를 관리함으로써 우수한 처녀 여왕벌 군락을 만들어내는 데 있다. 이런 시각이 꿀벌의 놀라운 업적과 능력을 이해하는 열쇠이다.

꿀벌이 벌집이라는 자급자족의 '세계'를 나서는 이유는 단 하나 물질과 에너지를 수집하기 위해서다. 이렇게 물질과 에너지를 모아 생명을 유지하고, 일 년에 한 번 분봉을 이루어내고자 하는 것이다.

꿀벌 군락은 물질과 에너지를 어떻게 경영할까?

지상의 모든 생명은 태양에 의존한다. 태양은 식물에게 에너지를 공급하고, 식물은 태양에너지를 매개로 유기물질을 생성하며, 이렇게 생성된 에너지는 동물들이 소비한다. 꿀벌 군락의 유지(사진 2.9)와 새로운 군락의 생성도 마찬가지다. 꿀벌들은 전적으로 꽃을 피우는 현화식물에 의존하기 때문이다.

그렇다고 현화식물이 꿀벌들로부터 일방적으로 착취를 당하는 것은 아니다. 현화식물과 꿀벌은 모든 생물의 가장 중요한 과제, 즉 번식을 위

사진 2.10 꿀벌 군락과 현화식물은 생물학적으로 밀접하게 연결되어 있다. 꿀벌 군락은 새로운 군락을 배출하고, 새로운 군락은 다시 새로운 여왕벌을 배출한다. 현화식물 또한 열매를 배출하고, 열매는 다시 씨를 배출한다. 꽃으로부터 꿀벌 군락으로 물질과 에너지가 계속 유입되는 것은 군락 구성원의 끊임없는 교체를 가능케 하고, 그로 인해 지속적으로 자손을 배출하는 '영원한 군락'이 탄생한다.

해 공생한다. 꿀벌이 꽃을 방문함으로써 꽃가루를 옮겨주는 역할을 담당한다. 즉 식물의 수분 활동을 돕는 것이다. 식물에 빗대어 볼 때 새로운 군락은 꿀벌 군락이 맺은 '열매'라고 할 수 있다. 새로운 군락의 형성은 식물이 공급하는 꽃꿀과 꽃가루에 기초한다. 그리고 군락 속에 있는 생식 가능한 여왕벌은 '씨'에 해당한다(사진 2.10).

03 성공 모델

비록 종種은 몇 되지 않지만,
꿀벌은 그들의 소생활권 biotope 내에서 강력한 영향력을 행사한다.

꿀벌의 종은 얼마 되지 않는다. 지금까지 알려진 바로는 꿀벌속^{Apis}의 아홉 종이 전부이다. 이처럼 몇 안 되는 꿀벌은 뒝벌과 함께 꿀벌과^{Apidae}에 속한다. 전체 아홉 종 가운데 여덟 종이 아시아에 분포하고 있으며, 유럽과 아프리카 대륙에는 놀랍게도 에이피스 멜리페라$^{Apis\ Mellifera}$(흔히 서양꿀벌이라고 함—역주)라는 단 한 종만이 서식한다. 이것들은 인간의 양봉 기술이 발달함에 따라 서로 교배가 가능한 다양한 품종으로 개발되었으며 세계 전역으로 확산되었다.

두 대륙에 걸쳐 단 한 종만이 분포한다는 것은 얼핏 실패한 비주류라는 인상을 준다. 그러나 종의 수가 적다고 해서 비주류라고 매도할 수는 없다. 만물의 영장인 인간도 호모속에 단 하나의 종만 있지만 지구를 얼

사진 3.1 현화식물의 종은 매우 다양한데 수분을 돕는 꿀벌의 종은 몇 되지 않는다.

마나 바꾸어 놓았는가? 꿀벌이 식물계에 미치는 영향 또한 호모속이 지구에 미치는 영향에 비견할 만하다(그림 3.1).

깡패와 신사

현화식물은 약 1억 3천만 년 전부터 존재했다. 꽃의 생식이 '기수에 대한 찬가$^{postillion\ d'amour}$'로서 오직 바람에게만 위임되어 있었을 때에는 엄청난 양의 꽃가루가 바람에 실려 엉뚱한 곳으로 날아가 버리는 바람에 꽃가루의 낭비가 무척 심했다. 게다가 바람이 불지 않는 지역에서는 그나마도 더욱 힘들었다.

그러다가 곤충들이 꽃가루를 식량원으로 선택하여 꽃의 수술을 탐식하게 된 것은 놀라운 진보라고 할 수 있다(사진 3.2). 곤충들이 많은 꽃들의 수술을 마구 먹어치우면서 꽃가루를 암술에 전달했기 때문이다. 장미풍뎅이$^{rose\ beetles}$와 같은 곤충들은 오늘날에도 그렇게 포악하게 꽃을 대한다.

물론 꽃의 입장에서는 자신들을 부드럽게 대하면서 꽃가루를 날라다 주는 믿음직스러운 존재가 필요했을 것이다. 꿀벌과 더불어 기나긴 공진화^{coevolution}를 거치면서 현화식물들은 그나마 꿀벌이 이상적인 파트너임을 알게 되었다.

크리스티안 콘라트 슈프렝겔$^{Christian\ Conrad\ Sprengel}$은 1793년 『꽃의 구조와 수정에 관한 자연의 새로운 비밀』이라는 저서를 통해 처음으로 이런 동맹 관계를 기술하였다. 오늘날 우리는 그의 천부적인 통찰에 감탄을 금

사진 3.2 장미풍뎅이는 곤충과 현화식물의 초기 관계가 그랬듯이 지금도 꽃들을 아주 거칠게 다룬다. 마치 머리가 삽이라도 되는 듯 머리로 꽃가루주머니를 한데 밀쳐서 가능하면 많은 화분낭을 잘라내는 모습이 게걸스럽기까지 하다.

할 수 없지만, 당시 슈프렝겔은 이 책으로 인해 오히려 어려움에 처했다. 그의 통찰은 전문가로부터 철저히 외면을 당했고, 심지어 무죄한 꽃에 대해 불미스러운 내용을 퍼뜨렸다고 비난을 받기도 했다. 그런데 찰스 다윈은 슈프렝겔의 책에 자극을 받아 1860년경 현화식물로 실험을 하였고, 꽃을 그물로 덮어 수분을 돕는 곤충의 접근을 막았을 때와 그렇지 않았을 때의 결실률을 비교하여 후자의 결실률이 매우 높다는 사실을 밝혀냈다.

현화식물의 수분 체계가 곤충과 현화식물 간의 의존관계를 만들어냈다. 곤충들은 마치 시골 장터에라도 온 듯 다양한 꿀 제공자들 가운데 마

사진 3.3 꽃꿀을 모으는 뒝벌. 뒝벌처럼 꿀벌도 따뜻한 꽃꿀을 제공하는 꽃을 좋아할 것이라고 추정할 수 있다.

음에 내키는 제공자를 찾아가고, 식물들은 고객인 곤충을 두고 저마다 경쟁을 한다. 질적으로나 양적으로 다양한 꽃꿀을 공급하는 것이다. 꽃가루 성분 역시 꽃마다 차이가 있다. 심지어 포도주에 등급이 있듯이 꽃꿀의 온도는 꽃꿀의 등급을 표시하는 단위가 된다. 뒝벌(사진 3.3)은 비교적 따뜻한 꿀을 좋아하기 때문에 꽃꿀에서 탄수화물 형태의 화학 에너지뿐만 아니라 직접적으로 열에너지를 얻는다. 꿀벌들도 온도가 다양한 꽃꿀 중에 선택할 수 있다면 뒝벌과 크게 다르지 않게 따뜻한 식사를 선호할 것으로 추정된다.

꽃시장에서 꽃들의 선전은 꿀벌의 시각과 후각을 겨냥한다. 꿀벌들이 꿀을 모으는 곳에서 같은 시기에 꽃을 피우는 식물들이 많을수록, 그리하여 경쟁자가 많을수록 어떻게 해서든지 꿀벌의 눈에 띄어야 번식할 승산이 높다. 꿀벌의 눈에 띄려면 어떻게 해야 할까? 그것은 꿀벌의 지각 능력과 '지적' 능력의 가능성과 한계에 좌우된다. 이는 제4장에서 자세히 살펴볼 것이다.

소수의 거친 수분 곤충이 등장하면서 식물들은 생식세포를 함유하고 있는 중요한 부분을 안전한 내부로 옮겨놓음으로써 바람과 궂은 날씨는 물론 꽃가루를 탐식하는 수분 곤충들로부터 자신을 지키고자 했다. 그리고는 시각적·후각적 소품을 사용하여 자신이 원하는 곤충들을 유혹하기 시작했다.

꿀벌은 현화식물이 분포하는 거의 모든 지역에서 가장 중요한 수분 매개자이다. 그러나 꿀벌이 수분을 매개하는 유일한 곤충은 아니다. 파리, 나비, 딱정벌레, 군락을 이루지 않는 벌, 말벌, 뒹벌 등과 같은 일부 막시류를 비롯하여 심지어 개미도 수분 작업을 돕는다. 실제로 수분 작업에서 한 가지 곤충에게만 의존하는 꽃은 거의 없다. 물론 어떤 수분 매개자도 꿀벌만큼 효과적으로 수분을 매개하지는 못한다. 세계적으로 모든 현화식물의 80퍼센트가 곤충에 의해 수분이 이루어지는데, 이들 중 약 85퍼센트가 꿀벌의 도움을 받는다. 과일나무의 경우에는 약 90퍼센트의 꽃이 꿀벌의 손길을 필요로 한다. 그리하여 꿀벌이 수분을 돕는 현화식물은 약 17만 종에 이른다. 이 중 꿀벌에게 전적으로 의존하는, 즉 꿀벌의 방문이 없이는 생존하기 힘든 현화식물은 약 4만 종에 이를 것으로 추정된다. 지구를 화려하게 장식하는 꽃의 바다가 단 아홉 종의 꿀벌에 의해 지켜지고 있는 것이다. 심지어 유럽과 아프리카에서는 한 종의 꿀벌이 모든 수분을 책임지고 있다. 이 꿀벌은 대부분의 현화식물에게 포기할 수 없는 존재다.

꿀벌과 식물의 이러한 극단적인 수적 불균형은 매우 놀랍다. 이는 곧 꿀벌의 생태가 경쟁자들이 따라올 수 없을 만큼 성공적이라는 사실을 입증한다. 동물계의 글로벌화이며 독과점인 것이다.

실제로 꿀벌 군락은 특유의 부지런함으로 경쟁자들이 감히 넘볼 수 없는 존재다. 하나의 꿀벌 군락은 하루 동안에 몇백만 송이의 꽃을 방문할 수 있다. 새로운 꽃밭이 발견되면 꿀벌들끼리 서로 정보를 교환하기 때문에 모든 꽃들에게 신속한 방문이 보장된다. 어떤 꽃도 꿀벌의 방문을 받지 못한 채 시드는 일은 없다. 꿀벌은 종류를 불문하고 어떤 꽃이든 찾아가는 진정한 의미의 잡식성 동물이기 때문에 모든 꽃들은 동등한 기회를 갖는다.

방문해야 할 꽃의 양에 따라 대규모 수집벌 조직을 신속하게 편성하는가 하면, 끊임없이 변화하는 들판의 개화 '현상'에 대응하는 개개의 꿀벌과 전체 꿀벌 군락의 놀라운 적응력은 꿀벌을 현화식물의 가장 이상적인 파트너로 만들었다. 진화의 과정에서 현화식물은 꿀벌의 관심을 끄는 방향으로 나아갔다. 거친 곤충들은 꽃가루를 마구 낭비했지만, 꿀벌은 매우 신사적으로 행동했다. 꿀벌은 몸통을 뒤덮고 있는 털을 이용하여 최대한 부드럽게 꽃가루를 옮겨가는 것이다(사진 3.4).

꿀벌의 믿음직스럽고 사려 깊은 꽃가루 수송 덕분에 꽃들은 바람을 이용하여 수분할 때보다, 꽃을 폭식하는 딱정벌레들에게 기댈 때보다 꽃가루 생산량을 대폭 줄일 수 있었다. 꽃이 꽃가루를 소량으로 제한하는 바람에 꽃가루 속에서 목욕할 수 없게 된 벌들은 진화 과정에서 꽃가루를 손실 없이 모아 안전하게 수송할 수 있는 장비를 갖추게 되었다. 꽃가루 뭉치를 만들기 위해 앞다리, 중간다리, 뒷다리가 긴밀하게 협력하는 모습은 전자동 수확 기계보다 더 정밀하게 느껴질 정도다. 이 과정이 끝나면 오른쪽과 왼쪽 뒷다리에 꽃가루 뭉치가 각각 하나씩 생긴다. 털로 경계가 나누어진 뒷다리의 움푹한 홈에 꽃가루 뭉치를 붙여서 수송하기 때문이

사진 3. 4 잔털이 많은 꿀벌의 몸에 귀중한 꽃가루가 달라붙는다.

사진 3.5 꿀벌은 귀환 비행에 앞서 꽃가루를 뭉쳐 잔털이 많은 양 뒷다리에 붙여 놓는다. 꽃가루 수집 비행에서 꿀벌 한 마리는 약 15밀리그램의 꽃가루를 수집한다. 이런 식으로 한 꿀벌 군락은 1년에 약 20~30킬로그램의 순수한 꽃가루를 수집한다.

다(사진 3.5).

달콤한 유혹

꿀벌의 외형은 꽃과의 공진화 과정에서 꽃가루 수송을 보다 경제적으로 하기 위해 변하였다. 현화식물도 꿀벌과의 관계를 유지하기 위해 진화를 거듭하였다. 오래전에 지구에 서식했던 양치식물은 광합성 작용의 산물로 달콤한 체관액을 상당량 생산할 수 있었는데, 현화식물이 이러한 기

사진 3.6 사진 속의 꿀벌처럼 꽃가루와 꽃꿀을 동시에 수집하는 꿀벌은 많지 않다. 꿀벌이 막 입 사이에 꿀 방울을 물고 있다. 이런 꽃꿀 방울은 삼켜져 꿀주머니로 이동한다. 그리고 둥지에 다다르면 꿀벌은 모은 꽃꿀을 토해내고 꽃꿀은 이 과정에서 효소와 섞여 벌통에서 꿀 저장을 담당하는 일벌에게 넘겨지며, 이 일벌에 의해 벌집 방에 저장된다.

능을 계승하여 꽃꿀을 꿀벌에게 제공하게 된 것이다(사진 3.6).

이와 관련하여 꿀벌의 입은 꽃꿀을 보다 편리하게 얻을 수 있도록 그 조직 및 크기가 알맞게 진화했으며, 장의 일부를 꿀주머니로 개발하였다. 체중이 90밀리그램인 꿀벌은 꿀을 최대 40밀리그램까지 저장할 수 있어 꽃꿀의 적재 중량은 체중의 절반에 육박한다. 꿀벌 한 마리가 꿀주머니에 저장한 꽃꿀은 꿀벌 군락 전체의 공동 소유다. 꿀벌 스스로를 위해 소비하는 꽃꿀의 양은 아주 적다. 스스로 소비하는 꽃꿀은 꿀주머니와 소화를 담당하는 가운데 장 사이를 잇는 가는 관을 통해 장으로 흘러간다.

꽃은 꿀벌을 유혹하기 위해 달콤한 꽃꿀을 생산하는 일에 최선을 다한다. 실례로 벚꽃 한 송이는 하루에 30밀리그램 이상의 꽃꿀을 생산하므로, 벚나무 한 그루의 하루 꿀 생산량은 약 2킬로그램에 육박한다. 수집벌 한 마리가 한 번 비행을 해서 꿀주머니를 가득 채워 가지고 올 수 있는 양이 최대 40밀리그램이므로 이는 벚꽃 한 송이의 하루 생산량에 맞먹는다. 사과꽃으로 같은 양의 꿀을 모으려면 벚꽃보다 더 많은 꽃송이가 필요하다. 사과꽃은 송이마다 하루 2밀리그램의 꽃꿀을 생산하므로 수집벌의 꿀주머니를 가득 채우려면 사과꽃 한 송이가 20일 동안 생산한 꿀이 필요하다. 그렇다고 꿀벌이 꿀주머니를 채우기 위해 벚꽃 두 송이나 사과꽃 스무 송이를 방문하면 된다는 의미는 아니다. 꽃 한 송이를 방문할 때, 꿀벌은 언제나 현재 차려진 식탁을 비울 뿐이다. 꽃들이 하루 양을 한꺼번에 차리지는 않는 것이다. 꿀벌 한 마리는 하루 최대 3천 개의 꽃을 방문할 수 있다(사진 3.7).

그렇다고 꿀벌이 하루 3천 번씩이나 소풍을 나오는 것은 아니다. 오히려 꿀벌은 게으르다. 꿀벌이 방문한 순간 꽃이 제공할 수 있는 꽃꿀의 양이 적을수록 꿀벌이 하루 몇 번 되지 않는 소풍 길에 방문하는 꽃송이 수는 늘어난다.

각각의 꽃이 꿀벌들에게 마르지 않는 꽃꿀 천국을 준비하는 것은 아니다. 벌들을 유혹하는 전략인 꽃꿀을 만들기 위해 식물들은 에너지와 원료를 들여야 한다. 꽃의 시각에서 손익계산을 해보면 경제적인 꽃꿀 분비로 꿀벌의 방문 빈도수를 높이는 것이 유리하다. 꽃꿀을 가능하면 적게 배출하면서 꿀벌의 많은 방문을 유도하고 그로써 성공적인 수분을 보장받는 것 말이다. 그렇다고 꽃꿀을 너무 적게 생산해서도 안 된다. 그러면 손님

사진 3.7 꿀벌 한 마리는 하루 동안 최대 3천 개의 꽃을 방문한다. 꽃들 간의 거리는 짧지만 워낙 꽃에 꿀이 적어 이처럼 많은 꽃들을 방문해야 하는 것이다.

들이 아예 자신을 찾아오지 않고 꽃꿀을 많이 내어놓는 다른 경쟁자들에게로 향할 것이기 때문이다.

부지런한 수집벌

꿀벌이 번식기 이외의 기간에 자급자족이 가능한 벌집을 떠나는 것은 오로지 물질과 에너지를 얻기 위해서다. 생존 및 번식에 필요한 물질을 구하기 위해 비행에 나선 꿀벌들은 벌집 주위를 마치 촘촘한 그물망을 펴 놓은 듯 탐색하기 시작한다. 꽃들 위에 보이지 않는 그물이 쳐져 있는 셈이다.

그러므로 꽃의 입장에서 볼 때, 꿀벌이 아닌 다른 수분 곤충의 등장은 불필요한 일이다. 꿀벌 한 마리가 벌집으로부터 최대 비행할 수 있는 거리를 대입하여 계산하면 꿀벌 군락 하나는 이론적으로 400평방킬로미터에 이르는 면적을 관할할 수 있다. 꿀벌 한 마리는 직선거리로 최대 10킬로미터 떨어진 곳까지 비행할 수 있다. 벌집에 저장된 꿀 에너지를 연료로 사용한다면 최대 10킬로미터까지 비행이 가능한 것이다. 그러나 이러한 일은 꽃이 드문 사막에서나 일어난다. 실제로 이렇게 비행을 한다면 꿀을 찾는 데 드는 에너지 소모량이 꿀을 통해 얻을 수 있는 에너지량과 비슷해 겨우 적자를 면할 뿐이다. 일반적으로 꿀벌은 벌집으로부터 2~4킬로미터 정도 비행한다. 경제적인 관점에서 비행을 위해 꿀 에너지를 소모하는 것과 꽃꿀 형태의 에너지를 수확하는 것 사이의 관계를 고찰해 보면 그 정도 거리가 가장 합리적이다.

사진 3.8 일벌은 주로 밤에 상대적으로 조용한 벌집의 가장자리에서 잠을 취한다. 사진은 벌집의 위쪽 가장자리에 무리를 지어 자고 있는 벌들의 모습이다.

사진 3.9 간혹 들판에 피어 있는 꽃송이 위에서 잠을 자기도 한다.

수집벌로 사는 것은 꿀벌의 일생에서 가장 힘든 시기인 듯하다. 수집벌이 오랫동안 수면을 취하는 것도 힘든 노동의 결과라고 할 수 있다(사진 3.8). 어린 벌들도 잠을 많이 자지만 조금씩 자주 자고 밤낮의 리듬이 뚜렷하지 않다. 반면에 수집벌은 한 번에 오래 자고, 주로 밤에 잔다. 벌집에서 자는 게 보통이지만 간혹 밖에서 자기도 한다(사진 3.9). 꿀벌의 자세를 보면 잠을 자고 있는지 깨어 있는지 알 수 있다. 보통 꿀벌이 잠을 잘 때에는 더듬이를 늘어뜨린 채 다리를 접는다. 수집벌이 잠을 자는 이유에 대해서는 수면의 필요성에 대한 일반적이고 광범위한 대답밖에 할 수 없다. 하지만 유독 수집벌이 잠꾸러기라는 사실은 '외근'을 하는 데 잠이 중요하다는 것을 말해준다.

꿀벌 군락이 꽃의 영양분을 언제, 어디서나 자유롭게 이용할 수 있는 것은 아니다. 지역에 따라 꽃이 피는 계절이 제한적인 곳도 있다. 그런 지역에서는 꽃을 어디서나 볼 수 있지만 언제나 볼 수 있는 것은 아니다. 반대로 일 년 내내 '언제나' 꽃이 피지만 지역적인 제한이 있어서 '어디서나' 피지 않는 곳도 있다.

꿀벌의 서식지를 기준으로 전자는 온대 지역, 후자는 아열대 또는 열대 지역에 해당한다. 꿀벌 군락은 서식지의 공간적인 특성에 따라 꿀을 발견하고 수확할 때, 서로 다른 문제에 봉착한다. 예컨대 꽃이 일정한 지역에만 피고 꽃이 피는 시기가 일정하지 않을 때, 꿀벌 군락 간에 꽃을 둘러싼 경쟁이 치열해질 것은 자명한 일이다. 평소에는 꽃 없이 잎들만 무성하다가 잠깐 꽃을 피우는 열대 나무는 이런 상황을 초래한다. 이 경우 꿀벌은 일 년 내내 한 번은 여기, 또 한 번은 저기에서 꽃을 피운 나무와 마주친다. 꿀벌은 진화가 진행되는 과정에서 이런 생태적 조건하에서 탄생했고, 나름의 꿀 모으기 전략을 개발했다. 꿀벌들 사이에서 이루어지는 노련한 의사소통이 이를 뒷받침한다. 이런 상황에 적응된 꿀벌이 나중에 온대 지역으로 이주하면서 효율적으로 꿀을 수확하기 위한 장비도 함께 가지고 갔던 것으로 보인다.

꿀의 양에 따라 알맞은 수의 수집벌을 편성하는 것 역시 꽃의 산물을 효율적으로 이용하기 위한 초개체 꿀벌 군락의 능력이라고 할 수 있다. 꿀이 풍부한 땅에서는 노동력을 많이 투입하여 비행 횟수를 늘려야 한다. 그렇지만 꿀이 풍부하지 않은 땅에서는 노동력을 줄여야 한다. 꿀이 전혀 생산되지 않는 척박한 땅에는 굳이 노동력을 투입할 필요가 없을 것이다.

수집벌의 세계

누군가 꽃의 생산물에 맞춰 수확의 비용을 계산하고, 기존의 노동력을 적절히 배분해야 하는 과제를 떠맡는다면, 이 과제를 제대로 처리하기 위해서는 꽃꿀과 꽃가루 상황에 대한 포괄적인 정보가 필요할 것이다. 아울러 시시각각 변하는 들판 상황에 관한 추가 정보도 지속적으로 제공받아야 한다. 벌집 상황에 관한 정보도 필요하다. 벌집의 저장고가 가득 차 있다면 많은 노동력을 동원하여 수확량을 늘리는 것이 불필요하기 때문이다.

실제로 꿀을 수집하기 위해 투입하는 일벌의 수는 일정하지 않으며, 꽃꿀을 수집하는 벌과 꽃가루를 수집하는 벌의 비율도 일정하지 않다. 그리고 꽃꿀과 꽃가루를 동시에 수집하는 벌은 기껏해야 수집벌 중의 약 15

퍼센트에 지나지 않는다(사진 3.6 참고). 대부분의 꿀벌은 꽃꿀만 모으거나 꽃가루만 모은다.

꿀벌 군락의 어떤 벌도 공급과 수요를 예측할 수 없으며 노동력을 지휘 또는 배분하는 과제를 맡지 않는다. 하지만 우리는 실험과 관찰을 통해 꿀벌 군락이 들판에서 그들의 노동력을 최적으로 분배한다는 것을 잘 알고 있다. 꿀벌 군락에 속한 그 누구도 전체를 볼 능력이 없는데 어떻게 이러한 일이 가능한 것일까?

기술적으로 표현하자면 분산적이고 자기조직적인$^{\text{self-organizing}}$ 분배의 메커니즘이 그 해답이다. 분산적이라는 말은 '상황을 관장하는' 지휘부가 없다는 뜻이다. 그리고 자기조직적이라는 말은 초개체가 전체적으로 보여주는 노동력의 투입 패턴이 개별적인 벌들 간에 잦은 접촉을 통해 저절로 이루어진다는 뜻이다. 이런 소소한 접촉은 바깥 들판에 있는 수백만 송이의 꽃에 대한 정보 교환을 가능하게 한다. 초개체는 그물을 주변 몇 백 평방킬로미터 반경에 던지고, 가치가 있는 곳에서는 그물코를 좁힌다. 그리고 군락에게 별로 손해볼 것이 없는 곳에서는 그물코를 느슨하게 한다. 바깥에서 활동하는 꿀벌의 5~20퍼센트에 해당하는 정찰벌들은 계속 새로운 영양원을 물색하여 벌집의 동료에게 알린다.

꿀벌 군락에서 영양에 대한 수요가 늘어나는 경우, 꿀벌 군락은 이미 투입한 수집벌 한 마리 한 마리의 생산량을 증가하는 방식으로 대처하지 않는다. 수집량은 벌들마다 각기 다르다. 고작 하루에 한 번 내지 세 번 비행을 하는 것으로 그치는 게으름뱅이 벌이 있는가 하면, 하루에 열 번 이상 비행에 나서는 일중독자도 있다. 언뜻 똑같아 보이는 군락의 구성원들도 오랫동안 행동을 관찰하다 보면 꿀벌마다 제각기 개성이 다르다. 한

사진 3.10 꿀벌이 태어나는 시점에 꿀벌에게 마이크로칩을 장착하면 꿀벌이 살아있는 동안 얼마나 열심히 꿀을 수집하는지 추적할 수 있다. 그리하여 각각의 벌 사이의 차이점을 확인할 수 있고, 어떤 요인이 수집 행동에 영향을 미치는지 연구할 수 있다.

군락의 모든 꿀벌에게 출생 시점을 기준으로 등 쪽에 작은 전파식별$^{radio\ frequency\ identification}$ 칩을 붙여 놓고 꿀벌의 행동방식을 관찰하면 꿀벌의 생활을 장기간에 걸쳐 한결 상세하게 확인할 수 있다(사진 3.10). 그런 꿀벌 군락은 모든 면에서 꿀벌의 개성을 드러낸다. 부지런한 꿀벌, 게으른 꿀벌, 온순한 꿀벌, 사나운 꿀벌, 따뜻한 것을 좋아하는 꿀벌, 차가운 것을 좋아하는 꿀벌……. 꿀벌의 성격 리스트는 얼마든지 길어질 수 있다.

그러나 개개 꿀벌의 개인적인 근면 정도는 등락폭이 좁으므로(게으른 꿀벌이 갑자기 부지런해지는 일은 없다는 뜻) 꿀벌 군락이 수집에서 발휘하는 무지막지한 역동성은 각각의 꿀벌이 더 열심히 일을 하는 것에서 비롯되지 않는다. 오히려 수집벌로 이루어진 그물의 그물코를 더 촘촘하게 하기 위해 추가적인 수집벌을 징집하여 매력적인 영양원으로 날아가게 하는 것이 역동성의 비결이다. 꿀벌 군락에 '지휘자'가 없음에도 불구하고 꿀벌 군락이 비행 구역 내에 있는 꽃의 산물을 시공간적으로 최적화하여 수집하는 비결은 필요한 경우 평소에 수집벌로 투입하지 않는 예비역들까지 필요할 때 수집벌로 투입하는 데 있다. 그렇게 하여 한 군락에서 수집벌로 활동하는 벌이 적게는 몇백 마리, 많게는 꿀벌 군락의 1/3에 이르기도 한다.

꿀벌과 꽃에서 관찰할 수 있는 것은 이들 두 파트너가 공진화한 결과, 상호 착취적인 관계를 이루었다는 것이다. 현화식물과 꿀의 이런 관계는 바람직한 나선을 거쳐 놀라운 파트너 관계로 이어졌다. 그 과정에서 꿀벌과 꽃은 상호 적합하게 디자인되었으며, 서로 긴밀하게 연결되어 꽃을 위한 꿀벌의 서비스는 다른 곤충들이 끼어들 만한 틈새를 거의 허락하지 않는다. 물론 극히 드문 틈새가 있긴 하다. 그 중 하나는 꿀벌이 수집에 나설 수 있는 외기온도로 인해 벌어진다. 꿀벌은 기온이 섭씨 약 12도 이상이 되어야만 비행을 할 수 있다. 이런 조건은 섭씨 7도 이상이면 너끈히 비행에 나설 수 있는 뒹벌이 꿀벌의 방해 없이 꽃에 다가갈 수 있는 틈새를 열어준다.

꽃꿀과 꽃가루 외에 프로폴리스, 즉 식물 수지 역시 식물이 꿀벌에게 제공하는 산물이다. 꿀벌은 프로폴리스를 벌집 안과 벽에 바른다. 그러나 프로폴리스 중 꽃에서 수집되는 것은 소량이고, 주로 꽃봉오리와 열매, 잎에서 채취된다(사진 3.11). 여기서 꿀벌에게 맞춘 식물의 특별한 적응 같은 것은 알려져 있지 않다. 그러나 이런 시스템에서도 놀랄 일은 많다……

사진 3.11 소수의 수집벌은 식물로부터 수지를 모아 프로폴리스를 화분처럼 뒷다리에 매달고 벌집으로 나르는 작업에 특화되어 있다.

개개 꿀벌의 수확량은 꿀벌 군락 전체의 수확량과 마찬가지로 여러 가지 요인에 의해 좌우된다. 그리하여 가장 쉬운 것은 초개체의 크기에 따른 연간 수확량을 산출하는 것이다.

전형적인 꿀벌 군락의 꽃꿀 수확량을 산출하기 위해서는 다음과 같은 대략적인 수치를 고려해야 한다.

- 수집벌 한 마리는 꿀주머니에 20~40밀리그램의 꽃꿀을 나를 수 있다.
- 수집벌 한 마리는 하루에 세 번 내지 열 번 비행을 한다.
- 수집벌 한 마리는 10 내지 20일 동안 수집 작업을 할 수 있다.

- 하나의 꿀벌 군락은 여름을 지내며 10만 마리 내지 20만 마리의 수집벌을 배출할 수 있다.

이를 기준으로 꽃꿀의 최대 수확량과 최소 수확량을 계산할 수 있다.

- 최소치 : 20밀리그램×매일 3회 비행×10일×10만 마리의 벌
 =약 60킬로그램의 꽃꿀
- 최대치 : 40밀리그램×매일 10회 비행×20일×20만 마리의 벌
 =1,600킬로그램의 꽃꿀

꽃꿀을 벌꿀로 농축하면 부피가 절반 정도로 줄어드는 것을 감안할 때, 한 군락의 꿀 수확량은 30킬로그램에서 800킬로그램 사이임을 알 수 있다.

이렇게 계산된 최소치는 실제 상황에서 더 줄어들 수 있고, 최대치는 훨씬 더 늘어날 수 있다. 그러나 이것은 실제 꽃꿀 수확량과 꿀 생산량의 정도를 보여줄 뿐이다. 제8장에서 꿀벌 군락에게 필요한 수확량에 대해 다시 한 번 살펴보기로 하겠다.

중간 규모 꿀벌 군락의 꽃가루 연간 수확량은 약 30킬로그램이다. 꽃가루가 '무게가 나가지 않는' 물질이라는 점을 고려할 때, 이는 매우 놀라운 양이다.

한 꿀벌 군락이 벌집으로 유입하는 프로폴리스의 양은 몇백 그램에 해당한다.

04 꿀벌의 지식

꿀벌의 시각, 후각, 공간지각, 의사소통 능력은
현화식물과의 관계를 중심으로 이루어진다.

　　　　　　　꿀벌에게 꽃가루와 꽃꿀은 에너지를 공급하는 천연 영양제
이자 군락을 구성하고 기능하도록 만드는 중요한 토대이다.
　그런데 꽃은 시간과 장소를 불문하고 언제, 어디서나 구할 수 있는 것
이 아니며, 무한정 이용할 수도 없다. 더욱이 꽃을 대체할 만한 다른 자원
도 없기 때문에 꿀벌 군락은 꽃을 차지하기 위해 다른 군락은 물론 다른
곤충과도 경쟁을 피할 수 없다. 가장 먼저 꽃 속에 입을 밀어 넣기 위해 꿀
벌들은 끊임없이 자신들의 능력을 개발해야 하는 것이다.
　아는 것이 곧 힘이다. 이것은 꿀벌에게도 적용되는 불변의 진리다. 그
렇다면 꿀벌은 꽃에 대해 무엇을 알아야 할까? 그리고 그러한 지식을 어
디서 얻을 수 있을까? 지식을 얻는 방법은 원칙적으로 다음 세 가지다.

- 유전자에 내포된 선험적 지식(본능)
- 경험으로 획득하는 지식(학습)
- 이미 경험한 동료와의 의사소통을 통해 얻은 지식(의사소통)

꿀벌의 감각기관은 학습 및 소통을 목적으로 외부 환경에 능동적으로 연결되어 있다. 감각기관은 세상을 바라보는 수동적인 창이 아니다. 꿀벌의 감각기관은 중추 신경계와 협력하여 생물학적으로 매우 중요한, 그러나 물리적 현실에 존재하지 않는 감각의 부류를 만들어내기도 한다. 객관적으로 존재하지 않는 대상을 감각기관으로 지각할 수 있다는 말은 얼핏 이상하게 들릴 수도 있지만, 색깔 역시 생물의 감각 세계를 떠나서는 존재하지 않는다. 빛을 위시한 전자기파는 연속적인 스펙트럼을 이루며, 동물들은 감각세포를 자극하는 이런 연속체의 일부분만을 빛의 자극으로 받아들인다. 서로 다른 감각세포들이 빛스펙트럼의 서로 다른 영역에 반응하면서 감각 세계에서 색깔이 만들어지는 것이다. 진화가 진행되는 과정에서 만들어진 색깔은 생명체 감각기관의 특징과 그 색깔이 생명체의 생존 및 번식에 얼마나 중요한가에 달려 있다.

꿀벌의 감각 세계는 꽃이 보내는 신호에 탁월하게 길들여져 있다. 나뭇잎이 무성한 숲에서 꽃은 색깔을 이용하여 시각적으로 자신을 드러내며, 이를 통해 꿀벌은 꽃을 지각한다. 또한 꽃들은 향기라는 후각적 신호를 보내고, 꿀벌은 민감한 후각을 통해 꽃을 지각하기도 한다.

색깔은 꿀벌에게 매우 중요한 의미가 있다. 여러 가지 색 중에 한 가지 색을 골라야 할 때, 대부분의 꿀벌들은 망설임 없이 파란색과 노란색으로 날아간다. 파랑과 노랑은 꽃밭에서 흔히 볼 수 있는 색이며, 다른 색깔의 꽃에도 파란색과 노란색 파장이 많이 들어 있기 때문이다.

이처럼 일련의 학습 과정을 거쳐 각각의 색깔에 의미를 할당할 수 있게 된 것은 꿀벌이 가진 중요한 능력 중의 하나이다. 경험을 통해 이러한 지식을 습득함으로써 꿀벌은 곤충들 사이에서 특별한 위치를 차지할 수 있게 되었다. 뿐만 아니라 꿀벌은 같은 구성원들 사이에서 이루어지는 고차원적인 의사소통 능력도 매우 뛰어나다.

꿀벌의 지식은 선험적 인식, 지식 습득, 정보 교환 등 세 가지 기본적인 요소가 조화를 이루어 구성된다.

꽃을 찾는 일에서부터 꽃의 생산물을 수확하는 일에 이르기까지 꿀벌의 종합적인 능력을 연구하고 평가하기 위해서는 꿀벌의 행동을 단계별로 나누어 보는 것이 바람직하다. 꽃의 생산물을 효율적으로 이용하기 위해 꿀벌은 다음과 같은 능력을 갖추어야 한다.

- 꽃을 식별하는 능력
- 다양한 꽃을 구별하는 능력
- 꽃의 상태를 파악하는 능력
- 다리와 입으로 꽃을 효율적으로 다룰 수 있는 능력
- 특정 지역에 분포하는 꽃의 위치를 파악하는 능력
- 꽃꿀이 많이 생산되는 시간을 파악하는 능력
- 의사소통의 송신자로서 동료에게 자신의 경험을 전달할 수 있는 능력
- 의사소통의 수신자로서 동료의 메시지를 이해하고 꽃을 찾아내는 능력

꿀벌의 눈과 코

어떤 것이 꽃이고 꽃이 아닌지 꿀벌은 어떻게 인식하는 걸까? 아직 이에 대한 답은 명확하지 않다. 다만 꿀벌이 꽃을 찾아다니는 일에 그다지 어려움을 크게 느끼지 않는 것은 분명한 것 같다. 어떻게 이런 일이 가능할까?

우리가 꽃을 보고 냄새를 맡듯, 꿀벌도 인간과 비슷한 방식으로 꽃을 인식할까?

이러한 질문은 다분히 철학적이다. 우리가 살아가는 이 세상이 정말로 어떤 모습인지는 아무도 모른다. 우리는 다만 지각이 중재하는 것만을 인식할 수 있을 따름이다. 지각은 진화의 과정에서 한 종의 생존과 번식에 꼭 필요한, 세계에 관한 지식을 중재한다. 지각은 감각기관과 뇌에서 이루어진다. 그렇게 만들어진 주관적 경험은 결코 사람에게서 사람에게로 전달되지 않는다. 예컨대 '보라색'에 관한 인식은 그러한 색채 인상을 보라색으로 인식하도록 학습하였기 때문에 가능한 일이다. 실제로 누군가 '보라색'을 보고 있을 때, 그가 보라색을 어떻게 인식하는지 점검할 수 있는 방법은 없다. 마찬가지로 어떻게 꿀벌의 머릿속에 들어가 꿀벌의 지각 세계를 공감할 수 있겠는가?

꿀벌의 해부학적·생리학적·행동학적 특성에 관한 연구 결과를 보면, 꿀벌의 지각 능력이 꽃의 특성과 밀접하게 연관되어 있음을 알 수 있다.

꿀벌의 시각과 후각은 꿀벌과 꽃을 이어주는 중요한 감각의 영역이다.

사진 4.1 꿀벌은 두 개의 큰 겹눈과 세 개의 작은 홑눈을 가지고 있다. 이 가운데 겹눈은 색과 명암이 다른 수많은 점이 결합하여 모자이크 형태로 대상을 인식한다. 수벌(사진 속은 우화하는 수벌)의 눈은 일벌이나 여왕벌보다 크다.

꽃은 인간에게도 색깔과 향기로 다가온다. 하지만 꿀벌은 인간과 전혀 다르게 꽃을 경험한다. 어쩌면 꽃을 보면서 아름다움을 느끼는 인간은 일종의 '지각 기생충'일지도 모른다. 꽃의 특성이란 것은 꿀벌과의 관계에서 꿀벌의 영향을 받아 구축된 것이기 때문이다.

꿀벌의 시각은 거의 모든 면에서 인간의 시각과 다르다. 두 개의 겹눈은 각각 6천 개의 낱눈으로 이루어져 있다(사진 4.1). 그 때문에 주변의 상은 각각 분리된 점들로 구성된다. 인간의 시각기관은 두 개의 눈이 각각 하나의 렌즈로 되어 있어 광학 법칙에 따라 하나의 완결된 상이 만들어진다.

그러나 꿀벌의 시각 세계는 각각의 낱눈을 통해 많은 부분이 모여 이루어지므로 꽃의 세세한 부분은 가까이 다가가야 분별이 가능하다(사진 4.2).

그러므로 꿀벌은 가까이 있는 꽃의 모습을 보기 전에 배경의 여러 얼룩들 가운데 어떤 것이 꽃인지를 정확하게 분별해야 한다. 생물학적으로 식물의 가장 중요한 부분은 색을 통해 단연 두드러지기 마련이다. 실제로 새와 동물은 푸른 잎사귀 사이로 알록달록하게 잘 익은 열매를 쉽게 알아볼 수 있다. 이것은 식물에게 매우 중요한 일이다. 열매를 제공함으로써 씨를 퍼뜨릴 수 있기 때문이다. 그러나 씨가 퍼뜨려지기 전에 우선 수분 매개자의 방문이 필요하고, 식물은 이를 위해 열매의 경우와 동일한 비법을 사용한다. 즉 색깔을 선전 수단으로 이용하는 것이다. 그렇다면 꿀벌들은 어떤 색의 세계에서 살고 있을까?

여기에서 꿀벌이 색깔을 인지하는 능력을 인간의 그것과 비교하는 것이 도움이 될 것이다. 예를 들어 무지개의 경우 인간과 꿀벌의 차이가 극명하게 드러난다. 우선 인간은 빛의 긴 파장을 붉은색으로, 짧은 파장을 보라색으로 인지한다. 물론 그 중간에는 여러 가지 다른 색깔이 있다(사진 4.3).

사진 4.2 꿀벌의 시각 세계는 수많은 점으로 이루어져 있어 광학적인 세부 형태는 대상에 아주 가까이 다가서야 확인할 수 있다. [왼쪽 사진] 꿀벌이 1미터의 거리에서 본 꽃의 모습. [가운데 사진] 꿀벌이 30센티미터의 거리에서 본 꽃의 모습. [오른쪽 사진] 꿀벌이 5센티미터 거리에서 본 꽃의 모습. 이만큼의 거리에서 비로소 꿀벌은 꽃의 세세한 부분을 인식할 수 있다.

사진 4.3 무지개가 떴다. 인간은 태양이 방출하는 전자기파의 일부분만을 볼 수 있다. 반면에 꿀벌이 인지하는 색의 스펙트럼은 태양 빛의 짧은 파장 쪽으로 밀려난다. 그리하여 꿀벌에게는 붉은색을 대신하여 반대편의 자외선 띠가 시야로 들어온다.

사진 4.4 꿀벌은 긴 파장의 빛에 약하다. 인간의 눈에 붉은색으로 보이는 긴 파장의 빛을 반사하는 꽃이 꿀벌의 눈에 검은색으로 보이는 것은 이 때문이다.

우리에게 붉은 색깔로 보이는 긴 파장의 빛은 꿀벌의 시각세포를 그리 자극하지 못한다. 꽃이 꿀벌의 시각을 자극하지 않는 붉은색 파장을 주로 반사하면, 그 대상은 검게 보인다. 따라서 붉은 양귀비꽃으로 뒤덮인 들판은 꿀벌에게 검은색으로 얼룩져 보일 것이다(사진 4.4). 그러나 꿀벌은 붉은 것에 민감하지 않은 대신 시각 스펙트럼의 짧은 파장 쪽 끝에 더 민감하다. 그 결과 과학의 도움 없이 인간이 절대로 지각할 수 없는 자외선 영역의 빛을 꿀벌들은 자연스럽게 볼 수 있다.

대체로 꽃잎은 자외선을 강하게 반사함으로써 꿀벌에게만 보이고 인

사진 4.5 모든 꽃잎은 자외선을 반사한다. 그리하여 꿀벌(오른쪽)에게만 보이고 인간(왼쪽)에게는 보이지 않는 시각적 무늬가 나타난다.

간에게는 보이지 않는 무늬를 만들어낸다(사진 4.5). 그런 무늬는 날아오는 꿀벌의 착륙을 도와주는 한편, 다양한 종의 식물을 쉽게 구별할 수 있도록 해준다.

그러므로 한 동물의 지각 능력은 생물학적으로 그러한 지각 활동이 갖는 특별한 의미를 보여준다. 꿀벌은 비행하면서 방향을 잡기 위해 짧은 파장의 태양 빛을 이용하고, 식물은 짧은 파장의 빛을 반사하는 신호로 수분 매개자의 착륙을 돕는다. 즉 꿀벌의 광학 능력을 이용하는 것이다.

좀 더 자세하게 살펴보자. 이미 말한 대로 꿀벌이 어떻게 색깔을 인지하는가는 우선적으로 빛의 파장에 달려 있다. 그러나—우리는 상상하기조차 힘들지만—그것은 꿀벌의 비행 속도에 달려있기도 하다. 심지어 꿀벌의 행동이 꿀벌이 색채를 감지하는 능력에 영향을 끼치기도 한다.

서둘러 날 때 꿀벌은 시속 약 30킬로미터의 속도로 비행한다. 이런 속도로 비행할 때, 꿀벌은 거의 색깔을 감지하지 못한다(사진 4.6).

천천히 꽃 주변을 돌 때에만 색깔을 식별할 수 있다. 이런 현상은 생물학적으로도 의미가 있다. 고속 비행을 하는 꿀벌에게 대상의 색깔은 불필요한 정보다. 이때 꿀벌의 작은 뇌에서는 주변의 구조를 인식하는 등, 고속 비행을 하는 데 필요한 정보들이 처리되어야 한다. 예컨대 장애물은 어디에 있으며, 이정표는 어디에 있는지 등이 더 중요한 정보다. 고속 비행을 하는 꿀벌에게는 빠르게 이어지는 대상과 패턴을 색깔 없이 자세히 인지하는 것이 주변을 (인간이 빠르게 달릴 때처럼) 알록달록한 동시에 뿌연 상태로 보는 것보다 더 유리하다.

꿀벌은 여느 곤충들처럼 고속 촬영한 영상을 보듯 '슬로모션'으로 대상을 본다. 따라서 빠른 움직임은 인간의 눈에 흐릿하게 보이지만, 꿀벌의 눈에는 단계별로 명확하게 보인다(사진 4.6). 따라서 꿀벌이나 말벌을 쫓기 위해 팔을 휘젓는 것은 오히려 공격 목표가 될 수 있는 위험한 행동이다. 그러한 행동은 벌의 시각에 예민하게 감지되기 때문이다. 꿀벌이 인간의 입 근처를 쏘는 경우가 많은 것은 무엇보다 말할 때, 입술의 움직임을 통해 유도되는 것이다.

놀라운 것은 비행의 목표가 꿀벌의 색채 구분 능력에 영향을 끼친다는 것이다. 벌집을 출발하여 먹이가 있는 장소로 가는 것과 먹이가 있는 장소에서 벌집으로 돌아오는 것은 꿀벌에게 비행 방향이 바뀐 것 이상의 매우 다른 상황이다. 꽃으로 날아갈 때, 꿀벌들은 색깔을 탁월하게 분별한다. 그러나 꿀주머니를 가득 채워서 벌집으로 돌아올 때, 색깔은 그다지 중요하지 않다. 그래서인지 색을 구분하는 능력이 저하되어 벌집으로 돌아올 때에는 아무리 느리게 비행하더라도 색깔을 잘 구분하지 못한다. 반

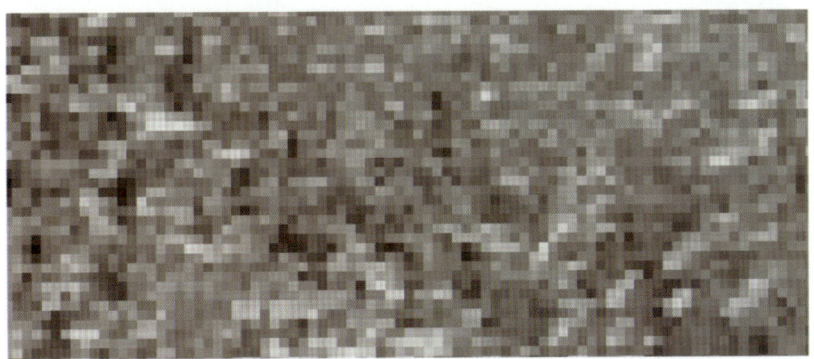

사진 4.6 빠르게 날아가는 꿀벌은 색깔을 감지하지 못한다. 그 상황에서 색깔이란 중요하지 않은 정보이기 때문이다. 꽃이 가득 피어있는 들판(위 사진)은 그곳을 지나가는 인간의 눈에는 흐릿하되 여전히 알록달록하게 보이지만(가운데 사진), 꿀벌이 인간과 같은 속도로 움직일 때에는 적어도 다음과 같은 세 가지 점에서 차이가 난다(아래 사진). 첫째, 명암이 다른 여러 개의 점 형태로 상이 맺힌다. 둘째, 선명한 상이 맺힌다. 셋째, 컬러가 아닌 흑백 상이 맺힌다.

사진 4.7 다채로운 그림으로 장식한 벌통(위 그림)은 단색으로 장식한 벌통(아래 그림)보다 더 좋은 길잡이가 된다.

면 시각적인 무늬를 인식하고 구분하는 능력은 비행의 목표에 별다른 영향을 받지 않는다. 여러 가지 예쁜 색을 칠한 벌통은 인간이 보기에 매우 미학적이다(사진 4.7). 하지만 벌이 벌통의 색깔을 얼마나 잘 구분할 수 있는가를 테스트한다면 이내 실망하고 말 것이다. 파란색 벌통을 선호할 뿐, 다른 색깔은 좀처럼 구분하지 못한다. 색깔의 섬세한 차이를 탁월하게 구분하는 것은 오직 먹이를 모으는 들판에서만 가능하다. 그러므로 양봉가가 꿀벌이 벌집을 쉽게 찾도록 하기 위해 서로 다른 색깔의 벌통을 준비하는 것은 그리 유용하지 못하다. 그보다는 벌통 앞에 수평선이나 수

직선 무늬를 그려 넣은 것이 더욱 효과적이다. 예로부터 대부분의 지역에서 그래 왔듯이 벌통의 입구를 고전적인 그림으로 장식하는 것은 벌뿐만 아니라 인간에게도 좋은 일이다. 그런 그림들은 학습 가능한 무늬로서 꿀벌이 쉽게 구분할 수 있을 뿐만 아니라 인간에게도 작은 예술품처럼 기분 좋게 다가오기 때문이다(사진 4.7).

행동 맥락—꽃이 목적지인가 아니면 벌집이 목적지인가에 따라 서로 다른 동기가 부여되는 꿀벌의 상황—은 꿀벌의 체험 세계를 결정한다.

빠르게 움직이는 피사체를 지각하는 것은 꿀벌 스스로 빠르게 비행할 때뿐 아니라 빠르게 비행하는 다른 벌을 쫓아갈 때도 중요하다. 예컨대 혼인비행에 나선 여왕벌을 쫓아갈 때나 제5장에서 살펴보겠지만 일벌이 수벌을 쫓을 때 필요하다. 분봉 과정에서 새로운 벌집을 찾아 이주 비행에 나설 때도 필요하고, 새로 편성된 수집벌과 기존의 수집벌이 무리를 지어 먹이를 찾아 나설 때도 마찬가지다.

꽃은 움직이지 않고 한자리에 뿌리를 내리고 있지만, 놀랍게도 꿀벌의 능력을 십분 활용한다. 무엇보다 꿀벌은 움직임을 인식하는 데 매우 뛰어난 능력을 가지고 있다. 꿀벌 군락이 꽃에 접근하기 위해 서로 경쟁하듯이 식물들 또한 꿀벌의 방문을 받기 위해 경쟁한다. 대체로 크고 화려한 꽃일수록 꿀벌의 눈에 잘 띄고, 별로 눈에 띄지 않는 경쟁자들보다 꿀벌을 쉽게 유혹할 수 있다. 그렇다면 꽃이 작은 식물들은 손님을 어떻게 유혹할까? 답은 간단하다. 그것은 가느다란 줄기 위에 꽃을 피우는 것이다. 그러면 미풍이 불어도 꽃이 흔들리고, 꿀벌의 눈에 쉽게 띌 수 있다(사진 4.8).

꽃은 알록달록한 색깔뿐만 아니라 그윽한 향기를 이용하여 자신의 존재를 알린다. 꽃의 향기는 무엇보다 꿀벌을 유혹하기 위한 것이다. 수많

사진 4.8 가느다란 줄기 위에 핀 작은 꽃은 미풍만 불어도 흔들려 움직임에 민감한 꿀벌의 시각을 자극한다. 아무리 꽃이 작고 색깔이 화려하지 않아도 꿀벌의 눈에 띄기 쉽다.

은 감각세포로 구성된 꿀벌의 '코'는 더듬이 위쪽에 위치한다. 주사전자현미경을 이용하면 더듬이에 위치한 꿀벌의 여러 감각기관을 보다 자세

사진 4.9 꿀벌의 더듬이에는 다양한 유형의 감각기관이 밀집되어 있어 촉각, 온도, 습도는 물론이고 냄새까지도 감지할 수 있다. 생김새가 다른 수많은 감각세포가 존재하는 것으로 꿀벌이 감지하는 지각이 다양하다는 것을 알 수 있다. 더듬이의 표면을 400배로 확대하면 감각기관의 다양한 형태를 쉽게 분별할 수 있다.

하게 관찰할 수 있다(사진 4.9).

    꽃의 색깔은 꿀벌이 가까운 곳에서 천천히 비행할 때만 볼 수 있지만, 꽃의 향기는 멀리서도 맡을 수 있다. 바람이 잔잔한 날에는 향기가 고르게 분산되므로 방향을 감지하기 어렵지만, 바람이 부는 날에는 냄새 분자가 공기에 실려 멀리까지 날아간다. 공기의 움직임이 향기 전달자 역할을 하는 것이다. 이런 날에는 벌이 바람을 거슬러 꽃에 착륙하는 모습을 쉽게 볼 수 있다. 그것은 느리게 비행할 때, 맞바람을 이용하는 오래된 비행 기술과 전혀 관계가 없다. 꿀벌이 그렇게 착륙하는 것은 그렇게 해야 꽃 향기를 맡을 수 있기 때문이다. 수집벌이 꽃의 위치를 알지 못할 때, 향기를 실어오는 공기의 흐름이 꽃에서 벌집까지 이어져 있으면 꿀벌들은 빠르게 꽃까지 도달한다. 그렇지 않은 경우에는 이리저리 갈지자로 비행하다가 향기의 흐름을 만나곤 한다.

꿀벌의 학습능력

꽃들은 그 '형태'와 '향기'를 다양하게 배합하여 자신의 모습을 연출한다. 꽃의 색깔, 형태, 향기는 다른 꽃과 구분되는 종 특유의 '형상'을 만들어낸다. 이를 통해 꿀벌은 특정한 꽃을 식별할 수 있으며,

그런 구별 능력이야말로 꿀벌과 꽃 모두에게 중요하다. 그래야만 수집벌이 계속 같은 꽃을 찾을 수 있기 때문이다. 본래 수집벌은 나비나 파리처럼 무작위로 아무 꽃이나 닥치는 대로 방문하지 않고, 어떤 꽃에서 먹이를 수집하기 시작했으면 그날 하루는 계속 같은 종의 식물을 찾아다닌다(사진 4.10).

이런 특성은 식물에게 매우 유익하다. 그렇게 함으로써 꽃가루가 낯선 종의 암술머리에 붙어 낭비되는 일이 없기 때문이다. 하루 한 종의 꽃을 고집하는 것은 수집벌에게도 유익하다. 그렇게 함으로써 특정한 꽃을 다루는 데 숙련되어 신속하게 꽃꿀을 손에 넣을 수 있기 때문이다.

원칙적으로 꽃의 색깔, 형태, 향기는 자유롭게 배합될 수 있으므로 존재할 수 있는 꽃의 종류는 거의 무한에 가깝다. 그러므로 이렇게 다양한

사진 4.10 꿀벌은 한동안 똑같은 종류의 꽃만 찾아다닌다. 따라서 달콤한 꽃꿀을 제공할 수 있는 꽃들이 주위에 아무리 많더라도 이를 무시한다. 사진 속의 꽃밭에는 파란 치커리 꽃과 노란 조팝나물이 어우러져 피어 있는데, 처음에 노란 꽃에서 꽃꿀을 수집하기 시작한 꿀벌은 파란 꽃을 무시하고(위 사진), 파란 꽃에서 꽃꿀을 수집하기 시작한 꿀벌은 노란 꽃을 무시한다(아래 사진).

꽃들을 일종의 선험적 지식으로서 꿀벌의 유전자에 심어주기는 힘들다. 그리하여 자연은 꿀벌에게 뛰어난 학습능력을 주어 시각과 후각적인 요소로 이루어진 꽃의 형상을 세세한 부분까지 습득하게 하였다.

꿀벌은 뛰어난 학습능력을 보여준다. 예를 들어 특정한 향기를 한 번 접하면 그 향기를 오랫동안 기억하여 다른 향기와 구별하는데 적중률이 거의 90퍼센트에 이른다. 이것은 화학적으로 순수한 향기뿐만 아니라 여러 가지 성분이 섞여 있는 향기에도 적용된다. 여러 성분이 섞여 있어도 꽃꿀을 채취하면서 두세 번 맡아본 향기는 완벽하게 식별한다. 이는 꿀벌의 지각 세계에서 향기가 매우 중요한 비중을 차지한다는 것을 입증한다.

형태나 색깔을 학습하는 것은 향기만큼 짧은 시간 내에 이루어지지 않는다. 그러나 세 번 내지 다섯 번 필요한 훈련을 반복하면 형태와 색깔을 습득할 수 있어 형태와 색깔은 꿀벌의 학습 목록에서 향기 다음으로 비중이 높다.

꿀벌의 학습능력과 후각 및 시각적인 자극을 구별하는 능력은 매우 뛰어나서 실제 실험(사진 4.11)에서도 꿀벌의 인지능력이 하등 척추동물에 결코 뒤지지 않는다는 사실이 밝혀졌다. 심지어 생물학적인 의미가 불분명한 추상적인 '지적' 능력도 발견된다. 가령 비행 도중에 신체가 이리저리 흔들릴 때에도 공간에 위치한 특정한 패턴의 '방향정위'를 지각할 수 있다. 또한 '오른쪽'과 '왼쪽', '대칭'과 '비대칭', '동일'과 '비동일' 등의 추상적인 개념쌍을 이해할 줄 아는 것으로 나타났다. 심지어 꿀벌은 양이 많지 않은 경우, '더 많은 것'과 '더 적은 것'을 구별하기도 했다. 경험을 통해 특정한 행동 규칙을 추상화시킬 수 있을 뿐만 아니라, 이런 규칙을 완전히 새로운 상황에 적용하기도 한다. 그리하여 전혀 낯선 미로에

사진 4.11 꿀벌의 인지능력을 테스트하는 행동 실험으로서 꿀벌이 훈련받은 대로 올바른 무늬를 선택하면 상으로 먹이를 제공한다.

서 길을 찾아갈 때, 어떤 표지를 따라가야 하는지 아주 빠르게 습득한다.

더 나아가 꿀벌은 각기 다른 시간과 장소에서 신속하게 그 상황에 맞는 결정을 내릴 줄도 안다. 예를 들어 꽃들은 각기 다른 시간과 장소에서 동일하지 않은 양의 꽃꿀을 생산하므로 가능하면 더 많은 성과를 거두기 위해서는 사전에 작업 계획을 수립하는 것이 효과적이다. 연구 결과, 꿀벌은 사전에 작업 계획을 수립함으로써 적시 적소에 필요한 조치를 취하는 것으로 드러났다(사진 4.14, 4.15 참고).

이것이 바로 진정한 '꿀벌 지능' 이다.

꽃꿀 수집 전략

꽃꿀과 꽃가루를 찾아 나선 수집벌은 모든 꽃을 일일이 방문하지 않고 여기저기 건너뛰듯 꽃을 방문한다. 여기에는 효율적인 탐색 전략이 숨어 있다. 즉 시간과 에너지를 아낄 수 있는 효율적인 수집 계획에 따라 움직이는 것이다.  실제로 모든 꽃을 차례차례 방문하는 것이 가장 효과적인 방법은 아니다. 꽃을 방문하는 최적의 순서를 찾는 과제는 세일즈맨이 고객을 방문하는 가장 효율적인 '루트'를 찾는 전략 게임에 비교할 수 있다. 이와 관련하여 꿀벌은 앞서 꽃을 방문한 동료들이 남긴 메시지를 참고한다. 꿀벌 군락이 위치해 있는 지역에는 수많은 수집벌이 활동하고 있으므로 다른 꿀벌이 이미 방문한 꽃을 다시 방문할 필요가 없기 때문이다. 꽃이 꽃꿀을 다시 채우기까지는 시간이 필요하므로 마지막 한 방울까지 꽃꿀을 모두 비운 수집벌은 그 꽃에 '꿀이 없음' 이라는 화학적인 표지를 달아둔다. 이러한 신호는 꽃이 꽃꿀주머니를 다시 채우자마자 사라지도록 설계되어 있다. 이처럼 꿀벌들은 꽃에 내려앉기 전에 '꿀이 없음' 이라는 메시지를 확인함으로써 불필요한 헛수고를 줄이는 것이다.

꿀벌의 도전과 실패

꽃의 형태가 다양한 것은 꿀벌의 입장에서 불편할 수밖에 없다. 제각기 다른 꽃의 형상은 꿀벌의 발과 입을 번거롭게 하기 때문이다(사진 4.12). 그리하여 꿀벌이 꿀을 얻기 위해서는 우선 장애물부터 통과해야 한다.

꽃꿀을 분비하는 꿀샘 역시 꽃마다 제각기 다른 위치에 있다. 따라서 꿀벌은 시간과 에너지를 절약하면서 꿀샘에 접근하는 방법, 꽃가루를 쉽게 모으는 최상의 전략 등을 수많은 도전과 실패를 통해 터득해야 한다.

또한 한동안 같은 종류의 꽃만 방문하여 그 꽃에서 규칙적인 훈련을 함으로써 꽃꿀에 접근하는 시간과 에너지를 최대한 효율적으로 사용하고, 그 꽃에서 먹이를 수집하는 능력을 키우게 된다.

꿀벌의 나침반

초개체 꿀벌 군락은 한 지역에 정주하는 특성이 있다. 일생의 대부분을 벌집에서 생활하며, 그곳을 버리지 않는다. 벌집은 꿀벌에게

사진 4.12 꽃이 제공하는 생산물을 얻기 위해 시간과 에너지를 최대한 효율적으로 투입해야 할 때, 꽃의 형태가 다양한 것은 수집벌에게 골칫거리일 수밖에 없다.

가장 안전한 장소지만 물질과 에너지를 지속적으로 공급하기 위해서는 꽃을 찾아 바깥의 위험한 세상 속으로 뛰어들 수밖에 없다. 꽃을 찾아 나설 때에는 어디라도 날아갈 수 있지만 일을 마친 뒤에는 어김없이 자신의 벌집으로 다시 돌아와야 한다. 비옥한 꽃밭을 발견했을 때도 마찬가지다. 벌집으로 돌아왔다가 다음번 수집 비행 때 다시 그곳을 찾을 수 있어야 한다.

벌집 밖에서 꿀벌은 주위에 있는 다양한 이정표를 활용하여 길을 찾는다. 즉 목표물까지 비행할 때, 각 구간별로 비행경로를 따라 주위에 있는 사물들 중에 나무나 덤불 등 눈에 띄는 지상의 표지를 기억함으로써 방향을 잃지 않는 것이다. 이때 시각과 후각이 중요한 역할을 담당한다. 그러나 이 방법은 꿀벌이 주위의 지형을 이미 머릿속에 모두 입력해 놓은 친숙한 지역일 때 가능하다. 따라서 모든 꿀벌은 수집벌이 되기 전에 벌집 주위를 돌며 지형을 숙지하는 과정을 거친다. 짧은 시간 동안에 반복해서 벌집을 중심으로 각각 다른 방향으로 비행을 함으로써 벌집 주변의 지형을 머릿속에 입력하는 것이다. 훈련 중인 수집벌이 벌집을 찾는 것을 돕기 위해 때로는 늙은 벌들이 벌집 입구에 서서 배 끝에 있는 나사노프샘을 열어 게라니올이라는 향기 물질을 방출하기도 한다. 게라니올은 제라늄 향기를 연상시키는 화학적 화합물로서 날갯짓을 이용하여 주변에 뿌린다(사진 4.13).

벌집에서 비교적 멀리 비행하는 경우 꿀벌은 비행 도중에 목표 지점과 벌집 사이에 위치한 여러 이정표를 머릿속에 입력한다.

낯선 지역에서 목표를 찾을 때에는 나침반이 도움이 된다. 꿀벌의 나침반은 하늘의 이정표인 태양이다. 태양을 보고 방향을 잡는 것이다. 태

사진 4.13 늙은 벌들이 날개를 움직여 배에 있는 나사노프샘으로부터 유인 향기를 방출하여 벌집으로 귀환하는 어린 수집벌의 착륙을 돕고 있다.

양이 보이지 않을 때에는 빛이 지구의 대기를 통과할 때 발생하는 편광 패턴을 활용한다. 태양에서 나오는 편광되지 않은 빛이 대기 중의 공기와 부딪히면서 편광이 발생하는데, 이러한 시각 패턴은 특정한 광학기기의 도움을 받지 않는 한, 인간의 눈으로는 확인하기 어렵다. 반면에 꿀벌의 눈에는 일종의 분광기^{analyzer}와 같은 장치가 있어 이를 쉽게 확인할 수 있는데, 문제는 공기의 밀도가 온도와 습도에 따라 수시로 변하기 때문에 편광 패턴이 일정하지 않다는 점이다. 그러므로 편광 패턴을 이정표로 사용하기 위해서는 이러한 왜곡을 최소화할 수 있어야 하는데, 중요한 것은 빛의 파장이 짧을수록 편광 패턴이 안정적이라는 사실이다. 그 결과 꿀벌은 인간이 보지 못하는 짧은 파장의 자외선을 볼 수 있게 되었다. 수집벌의 귀소 과정에서 꿀벌은 진화적 필연성에 의해 자외선을 감지하는 능력을 발전시켰다. 그리고 본래 꿀벌이 편광 패턴을 감지하기 위해 개발시킨 이런 능력에 대응하여 꽃은 꽃잎에 자외선을 반사하는 무늬를 '구비'하게 되었다. 이 무늬는 꿀벌이 꽃에 착륙하는 것을 시각적으로 도울 뿐만 아니라, 다양한 종류의 꽃을 구분할 수 있도록 해준다. 꿀벌의 이런 능력은 식물의 입장에서도 매우 중요하다. 그래야만 정상적인 수분이 이루어질 수 있기 때문이다.

시간표지

태양의 상태와 편광 패턴을 이정표로 활용하려면 지구 자전으로 인한 변화도 고려해야 한다. 실제로 꿀벌들은 시간 감각을 가지고 있다. 그리하여 첫 번째 비행과 두 번째 비행 사이에 몇 시간의 간격

이 있더라도 이정표의 변화를 고려하여 방향을 정확하게 찾아갈 수 있다. 즉 이정표의 위치가 바뀌어도 방향을 잃지 않는 것이다. 칼 폰 프리슈(1886~1982)는 이러한 사실에 착안하여 춤을 이용한 의사소통을 간파하였다. 하루 동안 동일한 장소로 날아오는 수집벌들은 태양의 위치가 바뀐 오전과 오후에 서로 다른 방향으로 춤을 추었다. 폰 프리슈는 이에 근거하여 꿀벌이 태양을 이정표로 활용하는 것이 틀림없다고 유추하였다.

사진 4.14 전날 방문했던 꽃을 다시 찾은 꿀벌이 개화 시간 전에 도착했다.

    꿀벌의 시간 감각은 꽃의 개화 시간에 맞추어 수집 활동을 하도록 해준다. 꿀벌의 방문을 둘러싼 경쟁을 줄이기 위해 식물들은 꿀벌을 위한 먹이를 서로 다른 시간에 제공하는 방법을 이용한다. 꽃 애호가들은 꽃꿀 공급을 정해진 시간으로 제한하는 꽃이 있음을 알고 있다. 꽃밭은 마치 시계의 숫자판처럼 움직이고, 꿀벌은 이런 시간표를 습득한다. 그리하여 시간표에 따라 시간을 맞춰 막 차려진 식탁을 마주한다(사진 4.14). 꿀벌이 찾아가는 장소에는 보통 다양한 꽃이 섞여 있으므로 꽃꿀을 모으기 위해 꿀벌들은 어떤 시간에 어느 장소로 가야 하는지뿐만 아니라, 그 장소에서 어떤 시간에 어떤 꽃이 꿀을 줄 수 있는지도 배운다. 꿀벌은 언제 어디에 어떤 일이 일어나는지를 정확히 알고 있는 것이다.

사진 4.15 꽃잎이 시든 꽃은 매력이 없다.

또한 꿀벌은 어느 때 식탁을 찾아가는 것이 헛수고인지도 빨리 알아챈다(사진 4.15).

수집벌이 화창한 날씨에 그때까지 애용했던 꽃밭을 방문했는데 별다른 수확이 없었을 때에는 그 꽃밭을 기억 속에서 지워버리고 그곳을 다시 찾지 않는다. 흐린 날씨 탓으로 며칠 동안 비행을 하지 못할 때에는 마지막으로 방문했던 좋은 꽃밭을 일주일까지도 기억할 수 있다. 그리하여 악천후가 끝나자마자 그곳을 찾아 꽃꿀을 수확한다. 꿀벌의 학습과 망각은 각각의 상황에 탁월하게 적응한다.

꿀벌의 언어

꽃의 생산물을 수확하기 위해서는 우선 꽃을 찾아야 한다. 이를 위해 꿀벌 군락은 경험이 풍부한 늙은 벌 가운데 소수를 '정찰벌'로 선발하여 인근 지역에서 새로운 꽃밭을 찾도록 한다. 그런데 이들 '탐험가'
들이 찾아낸 새로운 꽃밭을 계속 관찰해 보면, 그저 몇 분에서 30분 이내에 새로운 꽃밭으로 날아드는 꿀벌의 수가 빠르게 증가하는 것을 볼 수 있다. 우연히 그곳을 지나가던 벌이라고 하기에는 벌의 수도 많고 증가 속도도 빠르다. 따라서 새로 도착한 꿀벌들은 이미 벌집에 새로운 꽃밭이 발견되었다는 소식을 전달받고, 급하게 편성된 수집벌임을 알 수 있다.

그러한 사실을 '아는' 꿀벌과 '모르는' 꿀벌 사이의 의사소통은 매우 복잡하여 여전히 만족스럽게 이해하기는 어렵다. 다만 꿀벌의 의사소통은 벌집과 들판에서 일어나는 일련의 행동양식으로 설명할 수 있는데, 그러한 행동양식의 '한' 마디가 칼 폰 프리슈에 의해 발견되어 지금까지도 지속적으로 연구되고 있다. 동물의 의사소통 방식 가운데 가장 널리 알려진 '춤 언어'가 바로 그것이다.

수집벌 한 마리가 꽃이 피어있는 벚나무를 발견하면, 우선 약간의 꽃꿀을 수확하여 벌집으로 돌아간다. 꽃꿀을 벌집에 있는 일벌에게 넘겨준 후, 수집벌은 다시 먹이를 채취하기 위해 벚나무와 벌집을 오가는 행동을 반복하는데 점차 그 속도가 빨라진다. 비행시간이 짧아지는 것은 점차 우회

사진 4.16 벌집 근처에서 밀원을 발견한 경우 수집벌은 원무를 춘다.

를 줄이고 직선거리로 비행할 수 있는 노선을 찾아내기 때문인 것으로 추정되는데, 이렇게 열 번 정도 왕복하는 과정에서 가장 빠른 비행 노선을 찾아내면 벌은 벌집에서 춤을 추기 시작한다.

칼 폰 프리슈는 벌집에서 약 50~70미터 이상 떨어지지 않은, 가까운 꽃밭을 발견했을 때에는 수집벌이 원무$^{round\ dance}$를 추는 것을 확인하였다 (사진 4.16).

원무는 꽃밭에 관한 아무런 정보도 제공하지 않는다. 단지 꽃밭이 있다는 사실만을 나타낼 뿐이다. 이런 경우 꽃밭은 벌집에서 멀지 않은 곳에 있다. 아울러 벚나무에 갔다가 돌아온 수집벌에게서는 버찌 향기가 나기 때문에 동료 수집벌들은 원무를 본 후 벌집 주위를 몇 번 돌다 보면 쉽게 벚꽃을 발견할 수 있다.

사진 4.17 벌집에서 멀리 떨어져 있는 밀원을 발견한 경우 수집벌은 꼬리춤을 춘다.

밀원이 멀리 떨어져 있을 경우에는 지루한 탐색 과정을 줄이기 위해 보다 정확한 위치를 알려주어야 하는데, 꿀벌은 이를 위해 8자 형태로 몸통을 흔드는 꼬리춤^{waggle dance}을 춘다. 꼬리춤은 밀원과 직접적인 밀접한 관련이 있어서 동료 벌들이 이 춤을 보면 밀원의 위치를 가늠할 수 있다.

꿀벌의 꼬리춤은 열정적이면서 동시에 규칙적이어서 전 세계의 수많은 행동 연구가들의 관심을 끌어왔는데, 고속 촬영 및 확대 촬영 기술을 통합한 현대적인 과학 기술에 힘입어 꼬리춤의 세세한 부분까지 정밀하게 포착되었다. 이에 따르면 1초에 15번 정도 몸통을 좌우로 흔들면서 앞으로 진행하다가 반원을 그리며 한쪽 방향으로 돌고, 다시 이 동작을 반복하면서 이번에는 반대쪽으로 돌아 마치 8자를 그리듯 춤을 춘다(사진 4.17).

사진 4.18 춤을 이용하여 의사소통을 하기 위해서는 벌집 바닥을 확실하게 붙들고 있어야 한다. 그러므로 춤을 추는 벌은 움직이면서 몸통을 흔드는 것이 아니라 멈춰 서서 몸통을 흔드는 것이다. 아울러 발을 고정한 상태에서 몸통을 옆으로 흔들며 앞으로 내밀 때(화살표 방향), 여섯 개의 발(그림에서 하얀 점으로 표시된 부분)은 길게 뻗은 상태로 벌집 구멍의 가장자리를 잡고 있어야 한다.

꼬리춤의 주기는 몇 초 단위로 구성되며, 그 반경은 약 2~4센티미터를 벗어나지 않는다. 꿀벌의 춤 동작은 매우 빠르고 섬세해서 고속 촬영 장비를 동원해야만 겨우 확인할 수 있는데, '움직이면서 몸통을 흔드는' 것처럼 보이는 행동은 사실상 몸통을 옆으로 빠르게 흔들면서 앞으로 내미는 행동 때문에 생긴 착시현상이다. 꿀벌이 여섯 개의 발로 벌집 바닥을 딛고 서서 몸을 앞으로 내미는 동안 실제로 '움직이면서 몸통을 흔드는' 것이 아니라 '멈춰 서서 몸통을 흔드는' 상태이며, 보다 안전하게 잡을 곳을 찾거나 발을 앞으로 뻗고자 할 때 잠시 발을 떼지만 기껏해야 한두 발짝 정도 움직일 뿐이다(사진 4.18).

사진 4.19 나중에 춤에 가담하는 조연 벌들은 주연 벌이 몇 번 꼬리춤을 반복한 후에야 주연 벌의 춤에 맞출 수 있으며, 그렇게 함께 춤을 출 즈음이면 꼬리춤의 메시지를 이해한다.

벌춤은 벌통의 출입구 근처에 있는 좁은 영역, 즉 꼬리춤을 출 수 있는 일종의 '무대dance floor'에서 이루어지며, 춤추는 벌은 이곳에서 자신의 메시지에 관심을 갖는 수집벌들을 만나게 된다. 무대는 화학적인 표지로 표시되어 있는 것이 틀림없다. 그 부분을 잘라내어 벌통의 다른 곳으로 옮겨 놓으면 벌들은 꼬리춤을 추지 않고 무대를 찾기에 바쁘다. 그리고 드디어 무대를 발견하면 그곳에서 춤을 춘다.

맨 처음 꼬리춤을 추기 시작한 주연 벌을 둘러싸고 꼬리춤을 따라 추는 조연 벌들이 최대 10마리가량 모여들어 그들의 동작이 서서히 들어맞기 시작하면 완벽한 발레가 된다(사진 4.19).

주연 벌이나 조연 벌의 춤 동작은 모두 일정한 순서에 따라 진행된다.

스텝의 순서와 회전 동작도 일정한 안무를 따른다. 주연 벌뿐 아니라 조연 벌의 동작에도 전형적인 패턴이 있다는 사실은 고속 촬영 분석을 통해 확인되었다. 안무를 정확히 지켜 매번 주연 벌의 머리를 돌아 주연 벌이 다음에 돌게 될 반원의 안쪽으로 자리를 바꾸는 조연 벌들만이 계속되는 춤에서 '리듬'을 탈 수 있다.

꼬리춤은 밀원의 위치 및 주변 상황에 대한 정보를 담고 있다. 그렇다면 목적지까지의 경로를 어떻게 춤으로 표현할까? 인간의 경우 길 안내는 구간에 대한 세부 묘사로 이루어진다. 예컨대 이 길을 따라서 100미터 정도 직진하다가 첫 번째 신호등에서 좌회전한 다음에 두 번째 교차로에서 좌회전하면 오른쪽에 '꿀벌' 식당이 보이는데, 그곳을 지나 첫 번째 도로에서 우회전해서 200미터가량 더 가면 오른쪽에 우체국이 있다는 식이다.

이렇게 복잡한 길 안내는 인간에게 별 문제가 되지 않지만 꿀벌의 작은 뇌로는 감당하기 어렵다. 더욱이 꿀벌들은 직선 노선을 이용하여 목적지까지 직접 날아갈 수 있기 때문에 그렇게 복잡하게 설명할 필요도 없다. 직선 노선은 목적지까지의 방향과 거리를 알려주는 벡터, 즉 화살표 하나로 알릴 수 있다. 화살표의 길이로 목적지가 얼마나 멀리 떨어져 있는지 알 수 있는 것이다(사진 4.20).

꿀벌은 날아갈 수 있으므로 벡터 메시지를 어렵지 않게 활용할 수 있다. 이와 관련하여 칼 폰 프리슈는 끈기 있게 몇 시간에 걸쳐 꿀벌의 꼬리춤을 관찰한 결과, 온종일 같은 밀원만을 찾아감에도 불구하고 춤의 형태가 계속 바뀐다는 사실을 알아냈다. 춤의 형태와 함께 시시각각 변한 것은 오직 태양뿐이었다. 폰 프리슈는 시간이 경과함에 따라 춤이 변화하는 것은 태양의 위치 변화와 관련이 있음을 깨달았다. 꼬리춤이 밀원의 방

사진 4.20 꿀벌은 태양 나침반을 이용하여 먹이를 찾는다. 벌통에 적용된 벡터는 태양의 위치와 관련하여 먹이의 위치를 가리킨다.

향을 표시한다는 폰 프리슈의 주장은 이렇게 시작되었다.

　방향은 상대적인 개념이라 반드시 기준 방향이 제시되어야 한다. 꿀벌의 경우 벌통 밖에서는 태양의 위치나 편광면을 기준값으로 하여 밀원의 방향을 파악한다. 그리고 그렇게 파악한 방향을 수직으로 매달려 있는 어두운 벌통 안에서 꼬리춤으로 표현할 때는 아래로 작용하는 중력의 방향을 기준값으로 활용한다. 꿀벌은 날아가면서 태양의 위치를 본 후, 벌집—태양, 벌집—벚나무를 연결하는 선의 각도를 어두운 벌집에서 중력을 기준으로 꼬리춤으로 재현한다. 즉 중력 방향과 꼬리춤이 가리키는 방향의 각도가 곧 벌집—태양, 벌집—밀원의 각도가 되는 것이다(사진

사진 4.21 꼬리춤에는 수집벌이 비행하면서 측정한, 벌통으로부터 먹이가 있는 곳까지의 방향 및 거리 정보가 담겨 있다. 꼬리춤을 추는 벌은 어두운 벌통 안에서 중력을 기준으로 그런 정보를 전달한다(화살표 참고).

4.21). 날씨가 무척 흐린 날에는 편광 패턴이 태양의 위치를 알려준다.

어두운 벌집에서 꼬리 춤을 이용하여 방향을 전달하려면 방향 제시의 기준으로 삼을 수 있는 신뢰할 만한 기준값이 있어야만 한다. 벌집은 수직으로 매달려 있어 중력을 기준값으로 활용할 수 있다. 꼬리춤을 이용한 방향의 기호화는 벌통이 수직으로 매달려 있을 때에만 가능하다. 벌통이 수직으로 매달려 있지 않다면 꼬리 춤을 이용한 의사소통이 불가능했을 것이다. 실제로 군락을 이루기는 하지만 둥지가 수직으로 매달려 있지 않은 뒹벌, 말벌, 열대의 침 없는 벌들에게서는 춤 언어를 이용한 의사소통을 찾아볼 수 없다. 한편 몇몇 침 없는 벌의 경우, 벌집이 수직으로 매달려 있다는 사실이 보고되고 있는데, 이들에게서 꿀벌과 유사한 춤 언어가 존재하는지 살펴보는 것은 매우 의미 있는 일이 될 것이다. 둥지 건축적인 면에서 보면 그들에게도 춤 언어가 있을 법하기 때문이다.

꿀벌의 꼬리춤은 그밖에도 벌통과 밀원 사이의 거리를 나타낸다. 밀원을 수색할 때 이런 정보는 거의 호사라고 할 수 있다. 주연 벌의 꼬리춤에 가담했던 조연 벌은 전달받은 위치 정보에 따라 비행하는 도중에 주연 벌에게서 맡았던 향기를 더듬어 목적지에 도달할 수도 있기 때문이다. 또한 매우 중요한 역할을 하는 방향 정보와 달리 춤으로 표현되는 거리 정보는 앞으로 지속적인 논의가 필요한 분야이다.

춤과 거리의 상관관계는 명확하다. 기본적으로 같은 속도로 진행되는 춤에서 거리가 멀면 멀수록 몸통을 흔드는 춤 동작에 할애되는 시간이 길어진다. 몸통을 흔드는 시간은 밀원까지의 거리가 2~3백 미터를 넘어설 때 비로소 증가하기 시작한다. 그보다 거리가 멀어지면 몸통을 흔드는 시간은 더 길어지지만, 거리에 비례하여 눈에 띄게 늘어나는 것이 아니어서 몸통을 흔드는 시간만으로 거리를 정확히 산출할 수는 없다. 즉 1~3킬로미터 사이에서는 몸통을 흔드는 시간에 거의 차이가 나타나지 않는다.

이뿐만 아니라 꿀벌이 비행 거리를 측정할 때, 시각에 의존하는 '비행 기록계visual odometer'를 사용하는 것도 문제다. 육안을 이용하여 거리를 측정하는 방법은 비행 과정에서 주위 환경의 구조적인 특징에 영향을 받을 수밖에 없기 때문이다.

꿀벌이 비행할 때, 대상의 상은 꿀벌 겹눈의 낱눈에서 낱눈으로 이동한다. 그 결과 꿀벌의 시야에는 비행 속도를 알게 해주는 '광흐름optical flow'이 생겨난다. 마치 우리가 철로 위를 빠르게 달리는 기차 안에서 밖을 내

사진 4.22 무늬가 있는 좁은 터널을 따라 밀원까지 날아가도록 수집벌을 훈련시키면, 터널이 좁기 때문에 벽 가까이 붙어서 날아야 하는데, 이 때문에 무늬가 매우 빠르게 지나가는 것을 느낄 수 있다. 그 결과 빠른 광흐름으로 인해 실제 비행 거리를 잘못 전달하는 꼬리춤을 추게 된다.

다 보며 기차의 속도를 어느 정도 가늠하는 것과 같다. 그런데 꿀벌은 이런 광흐름에 근거하여 속도뿐만 아니라 자신의 비행 거리도 측정할 수 있는데, 인간에게는 거의 불가능한 일이다.

이와 관련한 간단한 실험은 꿀벌의 지각 세계를 이해하는 데 도움이 된다. 벽에 무늬가 그려진 좁은 터널을 통과하여 밀원까지 날아가도록 하는 실험에서 꿀벌은 터널 벽에 그려진 무늬로 인해 비교적 근거리를 비행했음에도 불구하고 광흐름이 인위적으로 증가하는 경험을 하게 된다(사진 4.22).

이러한 실험을 마친 꿀벌은 마치 원거리를 비행한 것처럼 착각하여,

그러한 결과에 상응하는 시간만큼 꼬리춤에서 몸통을 흔드는 단계에 시간을 더 많이 들인다. 꿀벌이 비행 거리를 추정하는 과정에서 이처럼 실수를 한다는 사실은 꿀벌의 경험 세계가 다분히 주관적임을 의미한다. 따라서 꿀벌이 꼬리춤을 추는 시간은 꿀벌 스스로 추정하는 비행 거리를 말해준다 하겠다.

'착각 터널' 실험은 꿀벌에 관한 진실과 오해를 확인할 수 있도록 한다. 이로써 논란이 분분하던 점들이 분명해졌고, 새로운 통찰도 얻을 수 있었다.

- 꿀벌이 에너지 소모량을 기준으로 비행 거리를 추정한다는 것은 오해이다.
- 꿀벌이 시각에 의존하는 비행 기록계를 사용한다는 것은 진실이다.
- 꿀벌이 밀원을 향해 날아갈 때만 거리를 측정한다는 것은 진실이다. 벌집을 향해 돌아올 때에는 거리를 측정하지 않는다.
- 새로 충원된 벌들이 꼬리춤의 메시지에 따라 움직인다는 것은 진실이다. 수십 년간 지속된 꼬리춤에 관한 논란은 해소되었다. 착각 터널은 벌을 실수하게 만드는데, 착각 터널을 통과한 꿀벌은 밀원이 불과 6미터가량 떨어져 있는데도 30배 이상 떨어져 있는 것처럼 춤을 추었고, 그 춤을 보고 밀원을 찾아 나선 벌들은 결국 멀리 엉뚱한 곳에 도착하였다. 춤에 담긴 정보가 실제로 활용되고 있는 것이다.
- 알록달록한 무늬가 그려진 터널 실험 결과, 꿀벌이 거리 측정을 할 때 녹색 수용체를 사용한다는 것은 진실이다. 꿀벌의 겹눈에는 자외선, 청색, 녹색 등 세 가지 색에 민감하게 반응하는 시각 수용체 세

포가 있는데, 이 가운데 거리를 측정할 때에는 녹색 수용체만을 활용한다. 녹색이 식물계의 대표적인 색깔이므로 그로써 지각기관에 대한 부담을 더는 것이 지혜로운 일일 터이다.

착각 터널로 꿀벌의 춤을 간단하게 조작할 수 있다는 사실은 꿀벌의 시각 비행 기록계가 전달하는 거리 정보가 비행경로의 구조에 영향을 받는다는 것을 보여준다. 이는 실험에서도 입증되었다. 실험 결과, 계속 같은 풍경이 펼쳐지는 비행경로에서는 동일한 거리라도 꼬리춤의 몸통을 흔드는 시간이 짧고, 복잡하고 변화무쌍한 풍경이 펼쳐지는 경로에서는 동일한 거리라도 몸통을 흔드는 단계에 할애되는 시간이 길다. 그러므로 거리는 같지만 서로 다른 방향에 있는 밀원으로 날아갈 경우 꼬리춤도 달라진다. 실례로 0.5초 동안 몸통을 흔들었을 때, 남쪽으로 비행할 때는 250미터를 가야 하지만, 서쪽으로 비행할 때는 500미터를 가야 할 수도 있다(사진 4.23).

이로써 다음과 같은 두 가지 결론을 내릴 수 있다.

- 꿀벌의 비행 기록계는 객관적인 거리 값을 산출하지 못한다. 메시지를 송신하는 벌이 제공하는 거리 정보는 메시지를 수신하는 벌이 동일한 방향(동일한 고도)으로 비행할 때에만 도움이 된다. 그럴 때에라야 둘이 같은 '광흐름'을 경험하게 되는 것이다.
- 벌의 춤 언어에도 방언이 있어 비행 거리와 비행경로가 동일하더라도 품종에 따라 몸통을 흔드는 단계에 할애되는 시간이 다를 것이라는 생각은 비판적으로 재고되어야 한다.

사진 4.23 밀원의 위치가 다르면 풍경도 달라지기 마련인데, 대체로 풍경이 복잡할수록 비행벌이 느끼는 광흐름의 정도도 커지고, 이에 따라 비행 거리가 동일하더라도 꼬리춤에서 몸을 흔드는 단계에 할애되는 시간이 길어진다.

벌의 품종이 다르더라도 동일한 지형의 동일한 비행경로를 춤으로 나타낼 때, 몸통을 흔드는 단계에 할애되는 시간에는 크게 차이가 없지만, 품종이 같고 동일한 거리를 춤으로 나타내더라도 그 구간의 풍경이 다르면 몸을 흔드는 단계에 할애되는 시간에 많이 차이가 난다. 이는 곧 품종의 편차보다 지형의 편차가 더 크게 작용함을 의미한다. 비교 관찰을 위해 서로 다른 품종의 꼬리춤을 연구한 결과에서도 마찬가지로 꿀벌 자체의 특성보다는 환경의 시각적인 특성이 더 두드러진 차이를 빚는 것으로 나타났다.

그러므로 벌춤이 담고 있는 거리 정보를 바르게 이용하려면 조연 벌이 주연 벌과 정확히 같은 방향으로 날아가야 한다는 것이 전제가 된다. 꼬리춤에서 가장 중요한 것은 방향에 대한 정보를 정확히 교환하는 것이다.

밀원을 처음 발견한 벌은 춤으로써 밀원의 위치는 물론 비행경로에 관한 중요한 세부 정보를 전달한다. 흔히 매력적인 밀원은 생기 넘치는 춤으로 표현되는데, 이는 몸통을 흔들며 8자를 그리는 완성된 춤의 형태를 반복하되 그 순환 과정이 빠르게 진행되는 특징이 있다. 활기 넘치는 춤에서 춤추는 벌은 몸통을 흔들고 난 후 부리나케 반원을 돌아 출발점으로 돌아온다. 따라서 춤추는 벌이 반원을 천천히 돌면 그만큼 밀원의 매력이 떨어진다는 것을 의미한다. 그러나 몸통을 흔드는 단계에 할애되는 시간은 밀원의 매력과 아무런 관련이 없다.

그렇다면 매력적인 밀원이란 어떤 것일까?

꿀벌은 밀원의 직접적인 특성은 물론 밀원을 향하는 비행경로에서 경험한 갖가지 사건에 대한 인상을 총체적인 상황으로 뭉뚱그려 표현한다. 꽃꿀의 당도가 높으면 춤에 생기가 넘치고, 도중에 강한 바람을 만나거나

사진 4.24 메시지를 수신하는 벌의 더듬이는 어두운 벌통에서 마치 '맹인의 지팡이'처럼 메시지를 송신하는 벌의 움직임을 읽는다. 즉 몸통을 양옆으로 흔드는 벌의 움직임이 주위에 모여든 벌들의 더듬이를 리듬 있게 치는데, 이 과정에서 벌들은 각각의 위치에 따라 특정한 접촉의 패턴을 경험한다. 이를 통해 몸통을 흔드는 데 할애되는 시간(밀원까지의 거리)과 중력을 기준으로 메시지를 송신하는 벌이 가리키는 방향(밀원까지의 거리)을 알 수 있다.

적의 위협을 받아 비행의 어려움을 겪었을 때에는 춤의 생기가 떨어진다. 생기 넘치는 춤은 보다 많은 동료의 관심을 불러일으키고, 결과적으로 그 밀원에 더 많은 수집벌을 파견하게 한다.

밀원을 처음 발견한 벌은 벌통과 밀원 사이를 비행하는 과정에서 수집한 정보를 송신하려고 할 것이다. 그렇다면 그를 에워싼 벌들은 어떤 방식으로 메시지를 수신하는 걸까? 이는 고속 촬영 카메라로 확인할 수 있는데, 메시지를 송신하는 벌은 밀원의 방향과 거리를 암시하는 춤을 반복하고, 메시지를 수신하는 벌은 더듬이로 메시지를 수신한다.

메시지 수신은 더듬이의 촉각을 이용하여 춤추는 벌의 동작을 확인하는 과정에서 이루어진다. 메시지를 송신하는 벌이 춤을 추는 동안, 메시지를 수신하는 벌들이 그 주위에 가까이 모여들어 더듬이를 120~150도 각도로 뻣뻣하게 뻗은 채 서 있으면, 몸통을 흔드는 동작을 더듬이로 느낄 수 있다. 이때 메시지를 수신하는 벌이 메시지를 송신하는 벌과 직각으로 서 있을 경우에는 두 개의 더듬이로 동시에 자극을 받아들일 수 있고, 바로 뒤에 서 있을 경우에는 각각의 더듬이로 번갈아가며 자극을 받아들이게 된다. 그 사이에 위치한 벌은 이 두 방식의 혼합한 패턴을 경험하게 된다(사진 4.24). 꼬리춤의 몸통을 흔드는 단계에서 메시지를 수신하는 벌들은 가만히 서 있는 데 반해, 메시지를 송신하는 벌은 춤을 추면서 몸통을 앞으로 내밀기 때문에 이런 패턴은 체계적으로 더듬이를 스쳐 간다. 이때 메시지를 수신하는 벌들은 중력 감각기관을 가지고 있어 각자 서 있는 위치가 다르더라도 자신이 위치한 방향을 감지할 수 있다(사진 7.12 참고). 따라서 자신의 위치 정보와 더듬이로 인식한 촉각 패턴을 연결하여 밀원의 방향을 알게 된다. 꼬리춤에서 몸통을 흔드는 단계에 할애되는 시간은 비행 거리를 나타내며 메시지를 수신하는 벌의 더듬이가 접촉되는 전체의 시간과 일치한다.

꿀벌들의 '발레'는 아직도 풀리지 않은 여러 의문을 안고 있다. 지금은 춤 언어를 처음 발견했을 때의 상황과 다를 바 없다. 메시지를 송수신하는 벌들의 위치와 더듬이로 인식한 촉각 패턴 간에 상관관계가 있다는 것은 명확한 사실이다. 하지만 이제 이런 상관관계가 어떻게 정보로서 이용되는지 규명해야 한다.

메시지를 송신하는 벌과 그 메시지를 수신하는 벌은 화학적으로 감지

사진 4.25 밀랍으로 만들어진 벌집 방의 얇은 벽은 위쪽 끝이 불룩하게 마감되어 있으며, 이런 가장자리들이 모여 그물과 같은 구조를 이룬다.

할 수 있는, 즉 의도적으로 화학적인 표지를 달아놓은 것으로 보이는 무대에서 만난다(제7장 참고). 이때 밀원의 위치 정보는 더듬이를 매개로 전달되는 것이 틀림없다. 그렇다면 메시지를 수신하는 벌이 어떻게 알고 메시지를 송신하는 벌을 찾아 벌들로 붐비는 무대까지 올 수 있을까?

첨단 도청 기술을 이용하여 벌춤의 물리적 특성을 관찰하면, 여기서 벌집의 진동이 중요한 역할을 한다는 것을 확인할 수 있다. '무대의 화학'은 벌들을 무대 근처로 이끌고, '벌집의 물리학'은 이들의 직접적인 만남을 주선한다. 다시 말해 벌집의 진동이 메시지를 송수신하는 벌을 한곳으로 모으는 것이다. 제7장에서도 살펴보겠지만, 진동은 벌집 표면을 그물처럼 덮고 있는 벌집 방의 두툼한 가장자리를 거쳐 쉽게 전달된다(사진 4.25, 사진 7.23 참고).

꿀벌은 운동 근육 중에서도 가장 발달한 가슴 부위의 비행근육을 이용하여 진동을 만들어낸다. 이 근육은 원래 비행 시 추진력을 발휘하는 '엔진'으로 사용되지만, 이 근육을 약하게 '공회전' 하면 특유의 주파수를 갖는 진동이 발생하여 꼬리춤을 추며 몸통을 좌우로 흔들 때의 방향 전환을 강조한다. 이 진동의 주파수는 초당 230~270헤르츠로 날갯짓 주파수와 일치한다.

꿀벌은 간혹 '무언의' 춤을 추기도 한다. 인간의 눈에는 여느 꼬리춤과 다를 바 없는 것처럼 보이지만, 비행근육의 진동이 없는 춤이다. 이런 춤은 꿀벌 군락 구성원의 주목을 받을 수 없을 뿐더러 새로운 수집벌도 동원하지 못한다. 요컨대 요란한 꼬리춤은 비행근육 진동을 다리를 통해 벌집으로 전달하려는 역학적인 전략으로서 채택된 행동이라고 할 수 있다. 몸무게가 가벼운 꿀벌이 벌집 방의 가장자리를 아무리 열심히 뛰어다닌들 그렇게 가는 다리로는 어떤 에너지도 전달할 수 없을 것이다. 반면에 몸통을 흔드는 춤 동작은 다리로 벌집 방의 가장자리를 굳게 딛고 있는 상태에서 이루어지므로, 춤을 추면서 양쪽 방향의 발을 통해 교대로 벌집 방의 가장자리에 하중을 가하게 된다. 그 긴장은 춤의 방향을 바꿀 때 최고조에 달하는데, 그때 가장자리를 가장 세게 밀기 때문이다. 정확히 말해서 벌집 방의 가장자리에 가장 강한 하중을 가하는 순간, 가장자리 그물을 통해 비행근육 진동이 벌집에 전달되는 것이다.

꼬리춤의 진동 신호는 윙윙거리는 벌통의 배경 소음과 비교할 때 매우 약하다. 자연적인 것이나 인공적인 것이나 모든 의사소통 체계에서 신호는 배경 소음에도 불구하고 인지될 수 있을 만큼 충분히 커야 한다. 그

사진 4.26 어두운 벌통 안에서도 벌집 가장자리의 2차원적인 진동 패턴을 이용하면 아무리 멀리 떨어져 있어도 메시지를 송신하는 벌의 위치를 쉽게 감지할 수 있다. 사진에서 하얗게 표시해 놓은 벌집 방 하나만 엇박자로 진동하고, 그 외 주변의 모든 다른 벽들은 같은 박자로 진동한다(사진 7.27). 꿀벌들은 벌집 방 가장자리의 진동을 다리로 감지하여 정보를 해독(하얗게 표시한 부분에서 벌집 방의 진동을 감지하는 벌처럼)한 다음, 메시지를 송신하는 벌 쪽으로 고개를 돌린다. 그리고는 그쪽으로 이동하여 함께 춤을 춘다. 이런 방식으로 메시지를 송신하는 벌의 위치를 가늠할 수 있는 거리는 춤을 추는 벌집 면의 물리적인 상태에 많이 좌우된다. 메시지를 송신하는 벌은 빠른 움직임 때문에 사진상에서 윤곽이 흐리다.

러나 꿀벌 군락에는 여전히 소음이 존재하고, 한 마리 벌의 진동 신호로는 이런 배경 소음을 압도할 수 없다.

그렇다면 이런 악조건 속에서도 메시지를 송신하는 벌의 존재와 위치를 다른 벌들이 어떻게 알아차리는 걸까? 벌집의 진동 특성과 관련된 물리학적 특성에서 그 답을 찾을 수 있다. 꿀벌이 여섯 개의 다리를 이용해 벌집 방의 가장자리에서 유발하는 수평면의 진동 패턴(사진 7.27 참고)이 메시지를 송신하는 벌의 위치를 알려줌으로써 어둠 속에서도 춤추는 벌의 위치를 확인할 수 있게 해 주는 것이 틀림없다(사진 4.26). 보다 자세한 내용은 제7장에서 살펴볼 것이다.

벌집의 진동은 메시지를 송신하는 벌에게 메시지를 수신하는 벌들을 인도할 뿐, 밀원의 위치 정보는 제공하지 않는다.

'춤 언어'에 대해 꽤 활발한 연구가 이루어졌지만 여전히 많은 의문이 남아 있다. 밀원의 위치를 알려주는 '꼬리춤'을 연구하다 보면 그 모호함에 당황하게 된다.

- 동일한 목적지를 위해 연속적으로 이어지는 춤이라도 꼬리춤의 방향이 서로 다를 수 있다.
- 벌춤에서 몸통을 흔드는 상태의 지속 시간으로 표시되는 거리 정보는 벌통에서 밀원까지의 시각적인 구조에 영향을 받는다.
- 비행 거리에 관한 묘사는 거리가 멀수록 정확도가 떨어진다. 수집벌이 보통 비행하는 거리인 2킬로미터에서 3킬로미터 사이는 춤에서 거의 구분이 되지 않는다. 또한 꿀벌들은 벌통에서 10킬로미터 떨어진 곳까지 날아갈 수도 있지만 그렇게 먼 거리는 춤으로 정확하게 나타낼 수 없다.

이렇게 부정확한 메시지에 근거하여 새로 편성된 수집벌들은 어떻게 밀원을 찾아갈 수 있을까?

신호를 쫓는 꿀벌들

메시지를 송신하는 벌을 보고 수집벌들로 새로 편성된 벌들을 관찰하면 많은 것을 알 수 있다. 이 벌들이 벌통을 출발하여 밀원에 도착하기까지 소요되는 시간은 이 미 그 밀원을 방문한 경험이 있는  벌들보다 30배나 더 걸린다. 그 지역을 잘 알고 있는 벌이 40초 정도에 갈 수 있는 구간을 새로운 수집벌들은 꼬리춤을 보고 벌통을 떠난 지 약 20분 만에 겨우 도착한다는 소리다. 실험자가 인공적으로 꿀벌들이 좋아하는 향기를 퍼뜨려, 밀원의 향기가 바람을 타고 곧바로 벌통까지 이어지면 새로 편성된 수집벌들의 비행시간은 눈에 띄게 줄어든다. 한편 향기 없는 밀원을 찾아낸 벌이 꼬리춤을 춤으로써 새로운 수집벌의 파견이 이루어지는 경우에는 꿀벌이 벌통 밖에서도 서로 접촉하고 의사소통한다는 사실을 특히 실감할 수 있다. 실제로 그 지역을 잘 아는 벌과 그렇지 않은 벌이 최대 10마리까지 무리를 지어 밀원으로 날아가며 그곳을 잘 아는 벌들이 먼저 도착하고 그곳을 잘 모르는 벌들이 바로 뒤를 잇는 모습을 관찰할 수 있다(사진 4.27). 그리하여 두 무리의 벌이 앞뒤로 나란히 착륙하며, 그때 그 지역을 잘 아는 벌들이 아래쪽에, 그렇지 않은 벌들은 위쪽에 앉는다.

이런 형태의 수집벌 조직은 어떻게 구성될까? 이에 대해 우리가 아는 지식은 별로 없다. 다만 메시지를 전송한 벌이 새로 편성된 수집벌에게 도

사진 4.27 경험이 많은 벌들이 경험이 부족한 벌들을 꽃으로 안내하기 때문에, 종종 두 무리의 벌이 앞뒤로 나란히 비행하는 모습을 볼 수 있다.

움을 제공하는 것은 틀림없는 사실이다. 새로운 밀원을 찾아낸 벌이 벌통에서 춤을 추지 않고 다시 밀원으로 날아갈 때는 윙윙거리는 소리를 내지 않고 곧장 꽃에 내려앉지만, 벌통에서 춤을 추고 다시 밀원에 도착한 벌은 윙윙거리는 소리를 내며 밀원 주위를 빙빙 돈다. 새로 편성된 수집벌에게 길 안내를 하는 것이다. 꿀벌의 의사소통을 연구한 칼 폰 프리슈는 춤 언어를 발견하기 전에 이런 행동에 근거하여 꿀벌이 음향을 이용하여 동료 벌들을 밀원으로 안내하는 것이 아닌가 생각하였다. '윙윙거리는 비행buzzing flights'은 그 속도가 매우 느려 벌의 배에 있는 밝은색 띠까지 눈에 보인다. 이런 띠는 열린 나사노프샘의 입구인데 나사노프샘은 배의 마지막 두 환절 사이에 위치한다. 나사노프샘에서는 향기 물질인 게라니올이 방

사진 4.28 동일한 밀원을 방문한 경험이 있는 수집벌들은 벌통에서도 가까이 무리지어 지내고, 춤출 때에도 마찬가지다.

출되는데, 꿀벌은 몇몇 중요한 상황에서 게라니올을 활용한다(사진 4.13 참고). 윙윙거리지 않고 곧바로 내려앉는 벌들은 나사노프샘이 닫혀 있다. 반면에 새로 편성된 수집벌들과 함께 비행하는 벌은 윙윙거리며 나사노프샘에서 게라니올 향기를 풍긴다. 하지만 경험이 많은 벌과 경험이 적은 벌이 동일한 목적지를 향해 벌통에서부터 무리지어 출발하는 일은 없다. 대체로 벌통을 출발하여 밀원으로 오는 도중에 그러한 무리가 형성된다.

벌통에서 메시지를 수신한 후에 누구의 도움도 받지 않고 아주 빠르게 밀원에 도착하는 벌의 무리도 있다. 이들은 예전에 그 밀원을 방문한 경험이 있는 수집벌들로 밀원을 방문한 지 여러 날이 지났어도 그 장소를 기억한다.

사진 4.29 주연 벌과 마찬가지로 동일한 곳에서 꽃가루를 채집한 경험이 있는 '꽃가루 수집 경력자'로 이루어진 발레단.

벚꿀을 채취하는 수집벌의 등에 작은 색깔 점을 칠해 놓고 관찰하면, 이 벌들이 벌통에서도 서로 가까이 머물며 밤에도 함께 무리를 지어 보내는 것을 확인할 수 있다(사진 4.28).

동일한 색깔 점을 칠해 놓은 무리는 종종 그들 중 하나가 주연 벌이 되고 나머지는 조연 벌이 되는 발레단을 구성한다(사진 4.29). 즉 꿀벌의 발레는 신참내기뿐만 아니라, 주연 벌과 같은 밀원을 방문했던 '경력자' 수집벌들도 소집한다. 경험이 많은 수집벌들은 주연 벌의 춤을 통해 예전에 방문했던 밀원이 '다시 개장했다는 소식'을 듣게 되는 듯하다.

밀원 주위에서 '윙윙거리는 비행'을 한다고 해서 뒤따르는 벌들이 청각적으로 그러한 음향 신호를 지각할 수 있는 것은 아니다. 꿀벌에게는 청각 능력이 없기 때문이다. 그러나 이런 유형의 비행은 아주 눈에 잘 띄어 운동에 예민한 꿀벌의 시각을 자극하기에 충분하다. 윙윙거리는 비행음은 난기류를 만들어내는 꿀벌의 날갯짓에 의해 만들어지는, 전혀 의도하지 않았던 효과인 듯하다. 꿀벌이 만들어내는 난기류는 마치 배가 수면에 남기는 흔적이나 비행기가 지나간 자리에 남는 비행운(공기소용돌이)과 비슷하게 얼마 동안 공기 중에 그 흔적을 남긴다. 따라서 이 공기소용돌이에 들어 있는 나사노프샘의 페로몬이 화학적 유도 수단으로서 신참내기 수집벌들을 돕는 것으로 추정된다.

'소규모 벌떼'로서 새로운 수집벌을 편성하는 과정에서 나타나는 의사소통의 다양한 구성 요소들은 분봉 시의 '대규모 벌떼'에서도 발견된다. 수집벌로 편성되는 '소규모 벌떼'는 전체 군락의 운명과 무관하므로 실제 분봉과 달리 성공에 대한 압력을 크게 받지 않는다. 분봉으로 분리되어 나온 '진짜 벌떼'는 새로운 집을 빨리 찾지 못하면 전체 군락이 전멸하고 말지만 밀원 하나쯤은 이용하지 못한다 해도 상관이 없는 것이다(사진 2.8 참고). 그러므로 밀원 방문을 위해 편성되는 수집벌들의 의사소통 양식은 분봉 과정에서 형성된 행동양식일 가능성이 높다.

밀원에 파견할 '신참내기' 수집벌 조직을 편성하는 일은 매우 복합적인 행동양식으로서, 벌통과 들판에서 이루어지는 꿀벌들의 의사소통은 거기서 매우 중요한 역할을 한다. 꽃도 중요한 도움을 제공한다. 메시지를 전달하는 벌의 몸에 꽃향기가 난다면 새로 편성된 수집벌들이 밀원을 찾는 데 한결 수월하기 때문이다. 바람에 실려 날려온 꽃향기도 길잡이로 사용되곤 한다. 한 가지 흥미로운 사실은 실험자가 인위적으로 개입하여 꿀벌 군락에서 정상적인 춤 언어가 전달되지 못하도록 방해할지라도 주변에 꽃꿀과 꽃가루가 충분한 경우에는 꿀벌 군락이 정상적으로 발달한다는 것이다. 실례로 벌통을 수평으로 놓아 중력을 꼬리춤의 방향 도우미로 활용하지 못하게 조작하면, 꿀벌의 춤 언어는 방향 정보를 더 이상 제대로 전달할 수 없다. 이때 벌통 주위에 꽃꿀과 꽃가루가 충분하고, 공간적으로 널리 분포되어 있는 경우 이런 방해는 결코 꿀벌 군락에 커다란 해를 끼치지 못한다. 꽃향기를 통해, 혹은 우연히 발견할 수 있는 밀원만으로도 충분한 먹이를 공급할 수 있기 때문이다. 반면 꽃꿀과 꽃가루가 공간적으로 제한되어 있거나 조금 부족한 경우에는 춤 언어를 통한 의사소통이 매우 중요하다. 이런 경우에는 소수의 비옥한 밀원을 찾기 위해 의도적으로 수집벌 조직을 편성하는 것이 성공적인 먹이 조달 과정에 매우 유익하게 작용하기 때문이다.

05 꿀벌의 짝짓기

베일에 가려져 있는 꿀벌의 짝짓기에 대해서는
아는 것보다 추측하는 것이 더 많다.

    짝짓기는 개체군의 특질을 다양하게 유지하는 수단이다. 정자와 난자가 결합할 때 암수의 유전물질이 새롭게 분배되어 다양한 특질을 가진 자손이 배출된다. 꿀벌도 예외는 아니다. 그러나 꿀벌은 여기서도 독특한 면모를 보여준다.
    암컷이 생산하는 생식세포의 수는 매우 적다. 그러나 암컷의 생식세포는 크고 자양분도 풍부하며 가치가 있다. 이것이 '암컷'에 대한 생물학적인 정의다. 반면에 수컷은 '모터가 달린 유전물질'이라고 할 수 있는 정세포를 믿을 수 없을 만큼 다량으로 생산한다. 순수한 '생식-기술적' 관점에서 보면 한 개체군 내에 수컷의 수가 많을 필요가 없다. 수컷이 적어도 다수의 암컷과 짝짓기 하는 데 어려움이 없기 때문이다.

그러나 꿀벌 군락에서 생식 가능한 암수의 비율은 정반대다. 극단적인 경우 한 군락이 배출할 수 있는 여왕벌의 수는 기껏해야 10마리지만, 한 군락에 속한 수벌의 수는 5천 내지 2만 마리에 이른다.

이러한 암수 불균형의 원인은 마지막 장에서 살펴보기로 하고, 이 자리에서는 조금 다른 문제를 살펴보자. 암수 개체수가 동일하다고 해도 수컷들은 암컷을 놓고 경쟁할 것이다. 소수의 수벌만으로도 모든 암컷에게 충분한 정자를 공급할 수 있기 때문이다. 그로 인해 대부분의 수컷은 필요하지 않게 된다. 수컷 간의 경쟁은 짝짓기나 싸움으로 표출된다.

꿀벌 군락의 경우 어림짐작으로도 암수의 비율이 암컷 한 마리당 수컷 천 마리 정도다. 그러므로 수컷의 경쟁은 극심할 수밖에 없다. 그러나 실제 짝짓기는 이상하리만치 평화롭게 이루어진다.

"도대체 어떻게 이런 일이 가능할까?"라는 물음에 답을 찾다 보면 꿀벌의 짝짓기와 관련한 놀라운 사실들이 속속 드러난다. 동시에 우리가 아직도 꿀벌에 관해 모르는 것이 너무 많다는 것을 실감할 수 있다.

여왕벌이 일생 동안 낳는 몇백만의 딸 중에서 짝짓기를 할 수 있는 딸은 여남은 마리, 오로지 혼인비행을 하는 여왕벌들뿐이다. 보통 꿀벌의 결혼은 벌집을 한 번 떠나는 것만으로도 충분하다. 그러나 짧게 여러 번의 비행이 이루어지기도 한다. 여러 번 비행한다고 수벌들에게 더 유리해지는 것은 아니다. 오히려 수벌들이 아주 많은 경우에 상황은 더 악화될 뿐이다. 꿀벌 군락은 여름 동안 몇천 마리의 수벌을 배출하지만, 이 많은 수벌들 중에 짝짓기를 할 수 있는 것은 단지 몇십 마리에 불과하다. 그리고 짝짓기는 그 대가로 수벌의 목숨을 요구한다.

짝짓기 비행

　꿀벌의 짝짓기 행위를 둘러싸고 예나 지금이나 수많은 추측이 난무하고 있다. 꿀벌의 짝짓기를 쉽게 관찰할 수 없기 때문인데, 그로 인해 꿀벌의 짝짓기는 더 신비롭게 여겨진다. 수벌들이 집결하여 짝짓기가 이루어지는 장소는 거의 신비에 가깝다. 우화한 지 한 주가 지난 후에 성적으로 성숙한 단계에 접어든 수벌들이 매년 정확히 동일한 장소에 집결하여 커다란 무리를 이룬 채 윙윙거리며 여왕벌의 도착을 기다린다.

　그런데 어떻게 여왕벌은 이전에 한 번도 가본 적이 없는 그 장소를 찾아갈 수 있을까? 왜 수벌들은 여왕벌과 짝짓기를 하기 위해 군락 내의 다른 수벌이나 다른 군락의 수벌과 공격적으로 경쟁하지 않는 걸까? 그리고 왜 일벌들은 여왕벌의 교미를 둘러싼 흥분되는 과정을 아주 초연하게 관망하는 걸까? 한 군락이 소수의 새 여왕벌을 길러낸 후, 그렇게 소중한 존재를 위험한 미지의 세계에 내보내는 것이 정말로 이치에 맞는 일일까?

　질문에 질문이 꼬리를 물지만, 아직 명쾌한 답을 찾지는 못했다. 물론 꿀벌의 짝짓기를 둘러싼 의문을 풀어줄 실마리가 전혀 없는 것은 아니다. 그 중 하나가 많은 지역에서 수벌들의 집결지가 관찰된다는 것이다. 수벌의 집결지는 직경 30~200미터에 이르는데, 시각적으로 수벌을 끌어모으는 지대인 것이 틀림없다. 커다란 나무나 눈에 띄는 물체, 지상이나 지하의 하천이 수벌을 끌어들이는지도 모른다.

　그러나 집결지가 발견되지 않고 짝짓기 작업이 은밀하게 행해지는 지역도 있다. 이것은 지형적인 조건이 구비될 때에만 수벌이 집결하는 것이 아닌가 하는 의심을 불러일으킨다. 시각적으로 눈에 띄는 표지가 있을 경우에만 집결하고, 그렇지 않을 때에는 집결하지 않는지도 모를 일이다.

수벌의 집결지가 발견되는 지역에서조차 수벌의 무리는 한 곳에 머물지 않고, 매우 빠르게 멀리까지 옮겨 다닌다. 모였다가 흩어지고, 잠시 후 어디선가에서 다시 모였다가 흩어지기를 반복하다가 제3의 장소에서 다시 모인다. 이처럼 수벌이 나타나는 지역은 마치 빽빽한 수벌의 그물로 덮여 있는 것처럼 보이기도 한다. 수벌의 그물은 간혹 부분적으로 좁은 매듭처럼 오므라들기도 한다.

수벌은 속설과 달리 벌집을 떠난 후 계속 공중에만 머무는 것이 아니다. 언덕 위에 핀 꽃이나 나뭇잎, 나뭇가지 등에 앉아 있는 모습을 쉽게 발견할 수 있다(사진 5.1). 그것은 짝짓기가 끝난 뒤 수벌들이 군락으로부터 축출되는 시기인 수벌의 수난 시대에만 국한되는 것이 아니다(사진 5.2).

수벌들이 군락 밖에서 비행하거나 앉아 있을 때 무엇을 찾고 무엇을 기다리는 걸까? 물론 처녀 여왕벌일 것이다.

처녀 여왕벌은 부화한 지 약 7일가량 되면 혼인비행을 위해 벌집을 떠난다. 혼인비행은 한 번에 끝나기도 하지만 여러 번에 걸쳐 이루어지기도 하며, 보통 몇 분가량(길게는 한 시간) 소요되는데, 짝짓기에 성공하면 바로 군락으로 돌아온다. 여왕벌 한 마리는 이런 혼인비행에서 매번 저정낭sperm reserve gland이 정자로 가득 찰 때까지 짝짓기를 한다. 수벌 한 마리는 최대 1,100만 개의 정자를 공급할 수 있는데, 혼인비행을 마친 후 여왕벌은 모든 수벌들이 사정한 정자 가운데 약 10퍼센트에 해당하는 최대 600만 개의 정자를 보유하게 된다. 그리고 이런 정자들은 저정낭 안에서 여왕벌이 생존하는 몇 해 동안 신선하게 유지된다. 1년에 최대 20만 개까지 알을 수정할 수 있는 천연의 정자 은행이라고 할 수 있다.

사진 5.1 수벌의 신체 구조는 그들을 매우 효율적인 비행기로 만든다. 그렇지만 수벌들이 벌집을 떠난 후 쉬지 않고 날아다니는 것은 아니다. 꽃이나 풀잎에 앉아 있는 수벌을 간혹 볼 수 있다.

사진 5.2 짝짓기 시즌이 끝날 무렵이면 수벌들은 쓸모가 없어진다. 남아 있는 모든 수벌들은 더 이상 먹이를 공급받지 못하고 벌집 밖으로 쫓겨나 죽고 만다.

혼인비행을 할 시기가 되면 수벌들은 늦은 오전부터 오후 한창 때까지 군락을 떠나 지낸다. 여왕벌은 단 한 번의 비행만 시도해도 되지만 수벌들은 처녀 여왕벌이 비행을 하건 하지 않건 간에 매일 같이 군락을 떠난다. 그들은 그렇게 안전제일주의를 추구한다. 대부분 실패로 끝나고 마는 수벌의 외출은 한 지역에 위치한 꿀벌 군락의 수벌들 사이에 경쟁이 심하다는 표시이기도 하다. 벌집 바깥에서 여왕벌을 놓칠 위험이 너무 커서 수벌들이 매일 같이 지켜야만 그러한 위험이 줄어든다. 매일 되풀이되는 수벌들의 외출은 각 군락에서 몇 주간에 걸쳐 이루어진다. 이는 매우 소모적인 행동이지만, 이를 통해 얻을 수 있는 짝짓기의 유익은 정말 큰 것이다.

수벌의 이렇듯 무모한 소모전은 수벌들이 서로 공격적으로 경쟁하지 않는 행동과 밀접하게 관련이 있는 듯하다. 꿀벌과 달리 군락을 이루지 않는 동물의 경우, 암컷의 생식세포를 둘러싸고 벌어지는 수컷들의 경쟁은 일종의 '정자 전쟁'이라고 할 수 있다. 암컷의 생식기 안에서 정자들은 서로 먼저 난자에 도착하기 위해 물리적으로 경쟁한다. 이로 인해 수컷은 될 수 있으면 정자를 많이 생산하여 경쟁에서 이기고자 한다.

초개체 꿀벌 군락의 경우는 수벌들이 바로 '날아다니는 정자'들이다. 대량으로 짝짓기 장소를 향해 날아가는 수벌들은 암컷 생식기 안에서 경쟁하는 정자들과 동일한 상황에 처하게 된다. 즉, 수많은 경쟁자를 물리치고 짝짓기에 성공해야 하는 것이다.

여왕벌은 벌집 밖에서 수벌들을 향기 물질로 유혹하는데, 성적으로 성숙한 수벌들은 이 냄새의 유혹을 참지 못한다. 그러나 벌집 밖에서만 그렇다. 벌집 안에서는 암수가 몇 주 동안 아주 가까이 지내더라도 서로 냉담하기만 하여 (사진 5.3), 근친 교배가 일어날 염려가 없다.

여왕벌은 일생에 단 한 번 혹은 몇 번 되지 않는 혼인비행에서 여러 마리의 수벌과 짝짓기를 하는 것으로 알려져 있다. 여왕벌이 분비하는 페로몬의 일종인 여왕 물질^{queen substance}이 수벌들을 유혹하면 수벌은 바람을 거슬러 여왕벌에게 접근한다. 벌집 안에서는 이 여왕 물질이 일벌의 난소 발달을 억제하는 기능을 한다.

수벌이 비행 중인 여왕벌을 포착하면 마치 여왕벌과 같은 실에 묶인 듯 빠른 속도로 여왕벌의 뒤를 쫓는다. 그리고 발로 여왕벌을 붙잡은 상

사진 5.3 처녀 여왕벌과 수벌들은 둥지 내부에서 서로에게 무관심한 태도로 더불어 산다.

태에서 여왕벌의 생식기에 자신의 생식기를 갖다 붙인다. 그리고 엔도팰러스endophallus(곤충의 음경 안쪽 벽—역주)를 절반 정도 돌출시킨 다음, 몸이 마비된 채 여왕벌에게 매달린다. 이후 엔도팰러스를 모두 돌출시켜(사진 5.4) 정자를 전달하는데, 이는 여왕벌이 배 근육을 수축시킴으로써 이루어진다. 생식기관을 완전히 접속시킨 수벌은 간혹 펑 소리를 내며 터져버리기도 하는데, '신혼초야'를 치르고 '저세상'으로 직행하는 것이다. 이렇게 배가 파열된 수벌은 즉사하고 만다.

　수벌의 생식기인 엔도팰러스는 짝짓기가 끝나도 여왕벌의 생식기에 그대로 남아 있다. 여왕벌이 짝짓기를 했다는 표지는 점액샘slime glands의 점액, 엔도팰러스의 키틴질 가죽, 오렌지색의 *끈끈한* (자외선을 반사하는) 코르누아cornua 점막 등이다(사진 5.4).

사진 5.4 수벌의 거대한 생식기가 겉으로 드러나 있다. 하얀 주머니 안에 있는 것은 정액 세포이다. 아래쪽을 향하고 있는 두 개의 갈고리는 짝짓기를 할 때 수벌을 여왕벌에게 고정시켜 주는 역할을 한다.

사진 5.5 성공적인 짝짓기가 이루어진 후, 엔도팰러스는 여왕벌의 생식기 입구에 끼인 상태이며, 혼인비행의 '짝짓기 표지'로서 벌집에 돌아올 때까지 그대로 남아 있다.

그런데 이처럼 여왕벌의 생식기에 남은 엔도팰러스(사진 5.5)는 여왕벌의 뒤를 쫓는 수벌들의 접근을 차단하는 정조대가 아니라 그 반대의 작용을 한다. 즉 엔도팰러스의 냄새 및 시각적 특성―엔도팰러스는 특별히 수벌들이 예민하게 감지하는 자외선 영역의 햇빛을 반사한다―이 또 다른 수벌들을 유혹하는 것이다. 여왕벌에게 새로 접근한 수벌은 그 '마개'를 떼어내고 자신의 '도장'을 찍는 것(짝짓기를 하는 것)으로 추정된다.

짝짓기에 성공한 수벌이 다른 수벌을 짝짓기로 유도하는 표지를 남긴다

사진 5.6 군락을 이루는 말벌이나 뒁벌과 같은 막시류는 비행하면서 짝짓기를 하지 않고 언제나 바닥에서 짝짓기를 한다.

는 사실이 이상하지 않은가? 그것이 그들에게 어떤 유익을 제공할까? 어쨌든 이런 특성은 수벌들이 여왕벌을 놓고 공격적인 태도를 보이지 않는 것과도 어울린다. 이에 대한 구체적인 내용은 제9장에서 살펴볼 것이다.

짝짓기 시즌에 간혹 바닥에서 주먹만 한 수벌의 뭉치를 발견할 수 있다. 이들 뭉치 속에는 으레 여왕벌이 들어 있다. '비행기술적'으로 볼 때 일벌에 비해 느리게 비행을 하는 여왕벌과 그에게 매달려 있는 수벌이 더 이상 비행하지 못하고 땅 위에 추락해 버렸고, 이어 짝짓기를 희망하는 다른 수벌들이 여왕벌에게 모여들어 뭉치를 이룬 것이다. 한편 꿀벌의 친척인 뒁벌, 말벌, 개미 등은 바닥에서 짝짓기를 한다(사진 5.6).

꿀벌의 짝짓기를 둘러싸고 여전히 의문으로 남아 있는 것들이 많다. 의문 가운데 하나는 꿀벌 군락의 대다수를 차지하는 일벌이 여왕벌과 수벌 간의 짝짓기에 실제로 무관심할까 하는 것이다.

신부의 들러리 벌

여왕벌이 꿀벌 군락의 단 하나뿐인 '날아다니는 생식세포' 임을 고려할 때 혼인비행은 여왕벌이나 전체 꿀벌 군락에게 매우 위험한 일이다. 비행 중인 꿀벌은 적에게 적잖은 공격을 받는다. '땅말벌$^{bee\ wolf}$' 이라고 불리는 말벌도 그 중 하나다. 땅말벌의 암컷은 꿀벌을 붙잡아 땅속에 있는 자신의 애벌레에게 먹이로 제공한다. 새들도 수시로 꿀벌을 공격한다. 그렇다면 전체 군락의 미래가 달려 있으며, 전체 군락이 함께 만들어낸 결실인 여왕벌을 어떻게 홀로 군락 밖의 위험천만한 세상으로 내보낼 수 있을까?

납득하기가 힘들다. 모든 문제에 대해 항상 최적의 해결책을 내놓는 꿀벌 군락이 하필이면 초개체의 생존이 걸린 이런 중요한 문제와 관련하여 보다 확실하게 미래를 보장해 줄 수 있는 방법을 찾지 못한 것일까? 이와 관련하여 양봉가들이 오래전부터 '집단 예비 비행' 이라 불러온 현상의 의문이 풀리는 실마리가 될 수도 있다. 매년 특정한 시기에 수벌과 여왕벌을 구경할 수 있겠다 싶을 때가 되면 벌통 입구에서 매일 같이 날아오르는 일벌 떼를 관찰할 수 있다(사진 5.7).

이러한 행동은 일반적으로 어린 꿀벌을 위한 예비 비행이라고 해석된

사진 5.7 짝짓기 시즌 동안 정오 무렵이 되면 군락 앞에서 소위 집단 예비 비행이 시작된다. 동시에 꿀벌 군락의 먹이 수집 활동은 눈에 띄게 감소한다.

다. 그러나 간단한 실험 및 세심한 관찰을 통해 집단 예비 비행을 꿀벌의 짝짓기와 연결시키는 새로운 견해가 제시되었다.

그 견해는 다음과 같다.

- 우화하는 어린 꿀벌 몇 마리에게 표시를 하고 이 벌들이 하루 중 언제 첫 비행에 나서는지 관찰하면, 군락 전체의 정규 비행 시간표에 따라 일출과 일몰 사이에 군락을 떠나 첫 번째 예비 비행을 하고 다시 군락으로 돌아오는 것을 볼 수 있다. 그러나 집단 예비 비행이 이루어지는 시기에 어린 벌들의 이런 비행이 더 늘어나는 것은 아니다.
- 집단 예비 비행에 참여한 꿀벌의 무리를 포획하여 전체 구성원을 살펴보면 물론 그 속에 어린 벌도 섞여있지만 소수에 불과하고, 절대다수는 늙은 벌이다. 날개가 찢어졌거나 털이 닳아빠진 매우 '연로한' 벌이 적지 않으며, 꿀을 채취하러 나갔다가 돌아와서 예비 비행에 나선 벌도 있다. 그것은 '꽃가루뭉치'와 가득 찬 '꿀주머니'를 통해 알 수 있다.
- 실험자가 개입하여 꿀벌 군락을 늙은 수집벌로만 구성한 경우에도 매일 평소대로 전형적인 집단 예비 비행이 이루어지는 것을 볼 수 있다. 늙은 벌들에겐 예비 비행이 필요없는데도 말이다.
- 꿀벌 군락에서 인공적으로 여왕벌을 제거한 후 여왕벌이 있을 때의 출산율을 감안하여 군락에 어린 벌들을 넣어주면 집단 예비 비행이 이루어지지 않는다.
- 집단 예비 비행은 수벌이 비행하는 계절, 즉 여왕벌이 혼인비행을

위해 군락을 떠나는 시기에만 나타난다. 그 이전이나 이후로도 꿀벌 군락은 수많은 일벌을 생산하며, 특히 봄이 되면 군락은 새로운 일벌들로 가득 찬다. 그렇다면 이들도 예비 비행을 해야 할 터이다. 하지만 이때 집단 예비 비행은 이루어지지 않는다.

- 꿀벌 군락의 수집 활동은 집단 예비 비행에 참여하는 동안 일시적으로 뚜렷하게 감소한다.

그러므로 집단 예비 비행이 어린 벌의 예비 비행이라는 이론은 더 이상 유효하지 않다. 집단 예비 비행이 어린 벌들을 위한 예비 비행이 아니라 여왕벌이 있을 때만 이루어진다면 그 목적은 과연 무엇일까?

인내심을 가지고 관찰하면 처녀 여왕벌이 혼인비행을 하는 시점을 포착할 수 있다. 처녀 여왕벌이 최대 20마리 정도의 일벌을 데리고 벌집의 입구까지 나온 뒤, 이어 이들과 함께 곧장 하늘로 날아오른다(사진 5.8).

이 과정에서 눈에 띄는 것은 여왕벌이 '들러리'들을 데리고 벌통을 떠날 때, 집단 예비 비행을 하는 무리도 함께 사라졌다가 여왕벌 무리의 귀환과 함께 그 무리도 다시 벌통 앞에 나타난다는 것이다(사진 5.9).

벌통에 도착한 직후 여왕벌과 들러리 일벌들은 곧장 안전한 벌통 안으로 들어가고, 여왕벌의 귀환과 동시에 다시 나타난 집단 예비 비행 벌 떼의 상당수도 즉각 벌통 안으로 들어가버려(사진 5.10) '집단 예비 비행' 현상은 빠르게 위축된다.

집단 예비 비행을 위한 벌떼가 이루어졌는데 만약 여왕벌이 벌통을 떠나지 않으면 무리는 30분 이내에 해산하고, 다음날 다시 비행을 준비한다.

사진 5.8 처녀 여왕벌이 혼인비행을 하기 위해 일벌을 데리고 벌통을 떠나고 있다.

사진 5.9 여왕벌은 벌통을 떠날 때와 마찬가지로 일벌들과 함께 벌통으로 귀환한다.

 혼인비행을 성공적으로 마치고 돌아온 여왕벌은 종종 생식기 입구에 짝짓기 표지로서 수벌의 엔도팰러스를 그대로 달고 있다. 마지막으로 짝짓기를 한 수벌의 엔도팰러스이다(사진 5.11). 벌통에 들어오기 전(사진

사진 5.10 막 짝짓기를 마친 여왕벌이 일벌과 함께 벌통으로 들어가고 있다. 이 여왕벌은 이듬해 분봉 시즌이 되어야 다시 벌통을 떠난다.

사진 5.11 혼인비행을 마친 여왕벌은 마지막으로 짝짓기를 했던 수벌의 엔도팰러스를 그대로 달고 벌통으로 들어온다.

사진 5.12 일벌 한 마리가 벌통 앞에서 여왕벌의 생식기 입구에 붙어 있는 엔도팔러스를 떼어내고 있다.

5.12)이나 벌통에 들어온 직후(사진 5.13) 들러리 일벌들은 이 짝짓기 표지를 여왕벌의 몸에서 떼어낸다.

들판에서 정확히 어떤 일이 벌어지고, 일벌들이 그곳에서 어떤 역할을 하는지는 아직 알 수 없다. 그러나 수많은 개별적인 관찰과 기록에 근거하여 일벌의 역할을 추측해 볼 수는 있다.

양봉가가 여왕벌을 인공수정시키지 않을 경우, 여왕벌의 짝짓기는 다음 두 가지 방식으로 이루어진다. 첫 번째 방식은 이미 그 지역에 완전히 자리를 잡은 군락을 믿고 짝짓기를 처녀 여왕벌과 수벌에게 자연스럽게 맡기는 것이다. 그리고 두 번째 방식은 처녀 여왕벌과 2~3백 마리의 일벌로 이루어진 '소규모 군락'을 소형 상자에 넣어(사진 5.14) 수많은 수

사진 5.13 여왕벌이 아주 빠르게 벌통 안으로 들어온 경우 엔도팰러스를 제거하는 작업은 벌통 안에서 이루어진다.

벌들이 우글거리는 대규모 군락 바로 곁에 둠으로써 짝짓기를 매개하는 것이다.

그런데 놀라운 것은 짝짓기 과정을 군락에 자연스럽게 맡길 경우 거의

사진 5.14 양봉가는 젊은 여왕벌과 2~3백 마리의 일벌로 이루어진 소규모 군락을 튼튼한 수벌들이 있는 군락 가까이에 둠으로써 처녀 여왕벌의 짝짓기를 매개한다.

예외 없이 여왕벌이 성공적인 혼인비행을 마치고 벌통으로 무사 귀환하는 반면, 소규모 군락의 여왕벌은 세 마리 중 한 마리꼴로 돌아오지 않는다는 것이다. 양봉이 아닌 야생으로 살아가는 군락이 30퍼센트의 확률로 여왕벌을 잃어버린다면, 한 시즌에 꿀벌 군락에서 탄생하는 여왕벌이 극소수임을 감안할 때 꿀벌 군락에 가히 파국을 초래할 것이다.

 그런데 왜 이런 차이가 빚어지는 것일까? 여왕벌을 뒤따르는 일벌 무리의 규모가 영향을 미치는 것일까? 수집벌들이 처녀 여왕벌의 비행을 인도하는 것은 매우 중요한 일인지도 모른다. 여왕벌은 벌통 주위를 전혀 모르거나 안다고 해도 몇 번 되지 않는 예비 비행을 통해 조금밖에 알지 못한다. 그러나 경험이 많은 수집벌들은 서식지의 지형을 머릿속에 담고 있으므로 여왕벌이 벌통으로 돌아오는 길을 안내할 수 있다. 이런 귀환은 안전상의 이유에서 신속하고 직접적으로 이루어져야 한다. 처녀 여왕벌은 꿀벌 군락이 배출할 수 있는 가장 귀한 존재요, 세심하게 보호해야 하는 존재이기 때문이다. 밝은 하늘을 날아가는 여왕벌은 작은 박새를 유혹하는 먹잇감이 되기에 충분하며, 그로 인해 군락의 번식에 심각한 위협이 될 수 있다. 따라서 일벌 무리는 여왕벌에게 길을 안내할 뿐만 아니라 '청어 떼 효과(청어는 상어의 공격을 피하기 위해 무리를 이룬다—역주)'를 통해 여왕벌을 보호하는 것으로 보인다. 일벌의 수가 많을수록 이런 보호 효과는 더 커진다. 실제로 이런 효과를 관찰할 수도 있다. 그리하여 대규모 군락의 여왕벌은 예외 없이 벌통으로 귀환하는 데 반해, 소규모 군락의 여왕벌은 세 마리 중 두 마리만 귀환하는 것이다.

한 걸음 더 나아가 일벌들에게 번식과 관련하여 더 능동적인 역할을 부여할 수도 있다. 실험자가 처녀 여왕벌을 들판의 나뭇잎 위에 두어 여왕벌이 곧장 날아가지 않고 앉아 있는 경우, 그곳이 설령 제일 가까운 벌통으로부터 몇백 미터 떨어져 있는 곳이라 하더라도 미처 몇 분이 지나기도 전에 일벌들이 몰려와 여왕벌을 둘러싼다. 그리고 나서 몇몇 수벌들이 짝짓기를 위해 뒤따라오면, 일벌들은 이들에게 굉장히 공격적인 태도를 보이며 여왕벌에게 가까이 다가가지 못하도록 몰아내고 심지어 도망가는데도 한참을 추격한다. 이러한 추격 비행, 즉 일벌이 수벌을 추격하는 모습은 수벌이 여왕벌을 추격하는 모습과 흡사해서 이런 모든 전개 과정을 처음부터 지켜보기 전에는 그것이 일벌이 수벌을 몰아내는 비행이라고 생각하기 어렵다.

일벌이 어떤 목적으로 그렇게 행동하는지, 그리고 이런 행동이 예외적인 것인지 아니면 일반적인 것인지 지금으로서는 전혀 알 수 없다. 여왕벌을 가까이에서 수행하는 일벌 무리가 어떤 수벌에게는 교미를 허락하고 또 어떤 수벌에게는 교미를 허락하지 않는지도 모를 일이다. 이와 관련하여 일벌이 어떤 수벌을 여왕벌의 짝으로 선택하는지 그것도 흥미로운 연구 과제가 될 수 있다. 어쩌면 이는 근친 교배를 막기 위한 안전장치일지도 모른다.

혼인비행을 마친 여왕벌은 일 년이 되기 전에는 벌통을 떠나지 않는다. 그러다가 자신의 군락이 새로운 여왕을 맞이할 준비를 시작하면 이사를 서두른다. 여왕벌이 짝짓기 비행에서 받아들인 정자들은 몇 년 동안 신선한 상태를 유지하지만, 저장된 정자가 모두 바닥이 나면 수정란을 낳지 못하고 무정란만을 낳게 되는데, 무정란에서는 수벌만 태어난다. 이렇게 되면 여왕벌은 꿀벌 군락에서 자신의 역할을 다한 셈이다.

완전한 동물, 생식세포

다시금 군락이 새로운 여왕벌을 배출하고자 준비하는 시점으로 돌아가 보자. 초개체 꿀벌 군락이 여왕벌—완전한 동물 형태를 갖춘 '생식세포'—을 본격적으로 양육하기 시작했음을 알리는 첫 번째 신호는 벌통 건축 양식의 변화에서 찾을 수 있다. 대체로 여왕벌은 벌집의 가장자리에 마련된 소수의 왕대에서 양육된다. 이런 '여왕의 숙소'에서 부화하는 애벌레들은 처음에는 일벌이 될 애벌레들과 똑같은 애벌레들이다. 다만 그들이 먹는 로열젤리라는 특별 음식이 점차 그들을 여왕벌로 성숙하게 만

사진 5.15 새로운 여왕벌이 탄생했다. 실제로 우화과정은 꿀벌 군락 안에서 이루어지는 모든 일처럼 깜깜한 벌통 속에서 이루어진다.

든다. 동시에 기존의 여왕벌은 푸대접을 받기 시작한다. 즉 로열젤리의 공급이 점차 줄어들고, 급기야 부분적으로 꿀을 먹어야 하는 상황에 이른다. 이런 다이어트 과정은 꼭 필요하다. 그 결과 여왕벌은 몸이 가벼워져 다시금 날 수 있고 분봉에 참여할 수 있기 때문이다. 군락의 절반이 기존 여왕벌과 함께 벌통을 떠난 뒤, 일주일쯤 되면 여왕벌 애벌레들 중에 첫 번째 여왕벌이 우화한다(사진 5.15).

우화를 마친 어린 여왕벌들이 서로 마주치면 무서운 결투가 벌어지는데, 그 결과 둘 중 하나는 목숨을 잃는다(사진 5.16). 여왕벌 간에 벌어지는 결투는 전체 꿀벌 군락에게 그리 유익하지 않은 것이 틀림없다. 그리하여

사진 5.16 어린 여왕벌 두 마리가 벌집에서 만나면 치명적인 결투가 벌어지고, 이 결투에서 독침이 무분별하게 사용된다.

이들의 결투는 대부분 예방되기 마련인데, 가장 대표적인 방법은 첫 번째로 우화한 여왕벌이 군락의 일부를 데리고 2차 분봉을 시도하는 것이다. 이때 곧이어 우화한 여왕벌이 2차 분봉에 함께 가담하는 경우도 있는데, 그런 경우에는 결투의 장소만 달라질 뿐 치명적인 결투를 피할 수 없다.

이외에도 무모한 결투를 피할 수 있는 방법이 또 있다. 먼저 우화를 마친 여왕벌과 아직 우화하지 않은 여왕벌들 사이의 '진동 대화'가 그것이다. 이런 '진동 대화'는 벌통으로부터 제법 멀리 떨어져 있는 인간의 귀에까지 들릴 정도로 소란스럽다. 먼저 우화한 여왕벌이 자신의 방에서 '경적'을 울리면, 아직 우화하지 않은 여왕벌의 우화를 돕는 일벌들이 이 신호를 감지하고 우화를 돕는 작업을 중단한다. 때로 이 신호에 대한 응

사진 5.17 평평한 뚜껑이 덮인 방이 일벌의 방(오른쪽)이고, 둥글게 마감한 방이 수벌의 방(왼쪽)이다. 일벌의 방은 작고 수벌의 방은 조금 큰데, 여왕벌은 이를 분간하여 작은 방에는 수정된 알을 낳고, 큰 방에는 수정되지 않은 알을 낳는다.

답으로서 아직 부화하지 않은 여왕벌들이 자신의 왕대에서 꽥꽥거리는 소리를 낸다. 이처럼 상호 간의 신호를 주고받음으로써 우화 준비를 마친 여왕벌이 결투를 피하기 위해 우화 시간을 늦춘다는 해석이 일반적이다. 초개체 꿀벌 군락은 여왕벌들이 서로가 서로를 죽이는 무모한 행동을 막는 또 하나의 메커니즘을 가지고 있는 것이다.

수벌의 등장 역시 벌집의 구조 변화에서 알 수 있다. 일벌들은 필요에 따라 벌집의 방을 두 가지 스타일로 건축한다. 번식기가 아니라서 '식충이'로 군락의 부양을 받는 수벌들을 생산할 필요가 없을 때에는 벌집의 모든 방을 직경 5.2~5.4밀리미터 크기로 건축한다. 그러나 번식기가 시작되어 수벌들이 필요해지면 벌집의 가장자리에 몇천 개의 방을 추가로 만드는데, 이 방의 직경은 6.2~6.4밀리미터이고, 군락에 있는 전체 방의 약 10퍼센트를 차지한다(사진 5.17).

여왕벌은 앞다리로 방의 지름을 감지한다. 그러고 나서 직경이 짧은 방에는 암컷이 될 수정란을 낳고, 더 큰 방에는 수컷이 될 무정란을 낳는다. 여왕벌의 생식기는 임의로 난자에 정자를 집어넣거나 차단할 수 있음이 틀림없다. 따라서 곧 태어날 꿀벌의 성을 결정하는 것은 여왕벌이 아니라 꿀벌 군락 전체라고 할 수 있다. 여왕벌은 단지 집행기관일 뿐이다.

여왕벌의 신체검사

또한 여왕벌의 교체 시기를 결정하는 것도 꿀벌 군락이다. 원칙적으로 교체 대상은 늙은 여왕벌이다. 그도 그럴 것이 혼인비행에서 가득 채운 정자 저장소가 언젠가는 바닥을 드러내기 때문이다. 늙은 여왕벌은 여왕벌 페로몬도 조금밖에 생산하지 않아 여왕벌이 늙으면 벌통 안의 페로몬 농도도 떨어지기 마련이다. 여왕벌은 특별한 페로몬을 분비하는데, 무리 지어 여왕벌 주위를 맴도는 시녀벌은 종종 여왕벌의 몸을 핥아 여왕의 향기 물질을 섭취한다(사진 5.18). 이 벌들은 일벌과 먹이를 교환하는 과정에서 여왕벌의 페로몬을 벌집 전체에 퍼뜨리고, 이로써 여왕의 존재와 상태에 대한 메시지가 군락 전체에 전달된다.

벌집에 여왕벌의 향수 농도가 어느 선 이하로 떨어지면, 교체할 여왕벌이 양육되기 시작한다.

그러나 꿀벌 군락의 생존에 중요한 영향을 미치는 커다란 사건만이 새

사진 5.18 일벌들, 특히 시녀벌들은 여왕벌의 몸을 핥아 페로몬을 섭취한다. 여왕벌의 향기는 벌들 간의 영양 교환^{trophalaxis}, 즉 먹이 교환$^{food\ exchange}$ 과정을 통해 군락 전체에 퍼진다.

사진 5.19 발이 하나 없는 사진 속의 여왕벌은 군락의 기준을 더 이상 충족시키지 못해 일벌들로 하여금 '조용한 혁명'에 착수하여 새 여왕벌을 양육하도록 만들었다.

사진 5.20 여왕벌이 갑자기 죽는 바람에 새로운 여왕벌을 하루 바삐 양육해야 할 때에는 밀랍을 새로 만들 시간조차 없으므로 예전에 사용했던 밀랍을 그대로 이용하여 비상용 왕대를 만든다.

로운 여왕벌을 양육하는 메커니즘을 가동시키는 것은 아니다. 인간의 눈에는 하찮아 보이는 외형상의 약점도 그러한 작용을 한다. 실례로 여왕벌의 발이 하나쯤 없어도(사진 5.19) 중요한 생식 기능에는 전혀 영향을 미치지 않지만, 꿀벌 군락의 여왕에 대한 기준은 매우 까다로운 것임에 틀림없다. 실제로 여왕벌에게 발이 하나 없는 경우, 그 여왕벌을 대체할 새로운 여왕벌을 양육하기 시작한다. 그러나 이러한 '조용한 혁명'을 거쳐 세대교체가 이루어진 경우에는 새 여왕벌이 혼인비행을 마친 후에도 늙은 여왕벌이 계속 같은 군락에 머물러 알을 낳고 살 수도 있다.

다급히 새로운 여왕벌을 키워야 하는 경우 왕대는 일반적인 왕대와 달리 벌집 가장자리가 아닌 벌집 중간에 설치된다. 이런 응급상황에서 마련되는 왕대는 보통 방을 확장하여 만들어진다(사진 5.20).

이런 시스템은 여왕벌이 갑작스럽게 죽었을 때에도 작동한다. 물론 이 경우에는 군락에 작은 애벌레들이 있어야 한다. 그러면 하루 반나절이나 3일된 유충에게 특별한 먹이를 제공하여 여왕벌의 길을 걷도록 한다. 그 유충의 방은 급하게 리모델링되어 작은 왕대로 확장된다. 이러한 비상상황에서는 밀랍선을 작동시켜 새로운 밀랍을 생산하기에 시간이 충분하지 않기 때문에 예전에 사용했던 밀랍을 긁어모아 비상용 왕대를 만든다. 여왕벌이 죽은 시점에 군락 안에 적당한 유충이 없을 경우, 이는 군락의 멸망을 초래한다. 하지만 꿀벌들은 대부분 이러한 상황에까지 처하도록 사태를 그대로 방치하지 않는다.

교체된 처녀 여왕벌은 곧 혼인비행을 떠나 새로운 유전물질을 가지고 귀환하며, 새로 태어나는 꿀벌들을 통해 군락의 유전적 상태와 군락의 특성은 계속 변화된다.

06 꿀벌 군락의 맞춤먹이
–로열젤리

꿀벌의 유충은 성충의 분비샘에서 나오는
자양분을 먹고 자란다. 분비물은 기능 면에서 포유류의 모유와 같다.

꿀벌은 성장하는 동안 완전변태를 하는 곤충이다. 알에서 유충, 번데기 단계를 거쳐 성충이 된다. 이 점에서 꿀벌은 일반적으로 곤충들이 걷는 두 갈래의 길 중에 하나의 길을 걷는다고 할 수 있다. 곤충의 유충은 먹이를 스스로 찾거나 성충에게 의존하는데, 주로 식물 조직이나 동물 조직을 섭취한다. 꿀벌은 유충에게 로열젤리를 먹이는데, 이는 유모벌의 머리 부분에 위치한 인두선 pharyngeal gland 에서 만들어지는 분비물이다. 이런 맞춤 먹이는 유충의 발달 과정을 조종하는데, 새로운 여왕벌을 키우는 것도 맞춤먹이의 기능 중 하나다.

여름 한철에 여왕벌은 각각의 벌집 방에 매일 1,000~2,000개의 알을 낳는다(사진 6.1, 6.2). 분당 1~2개씩 매일 자신의 체중에 해당하는 무게

사진 6.1 여왕벌이 알을 낳기 직전에 일벌은 여왕벌이 벌집 방에 배 끝을 제대로 밀어 넣을 수 있도록 돕는다.

사진 6.2 알을 낳기 위해 여왕벌은 배를 벌집 바닥에 닿을 만큼 깊이 밀어 넣는다.

사진 6.3 여왕벌이 알을 낳을 것을 대비해 젊은 일벌들이 유충의 방을 깨끗이 청소하고 있다.

사진 6.4 여왕벌이 유충의 방에 알을 낳으면, 처음에는 벌집 바닥에 수직으로 서 있다가 서서히 옆으로 기울어 결국에는 바닥에 누운 모습이 된다.

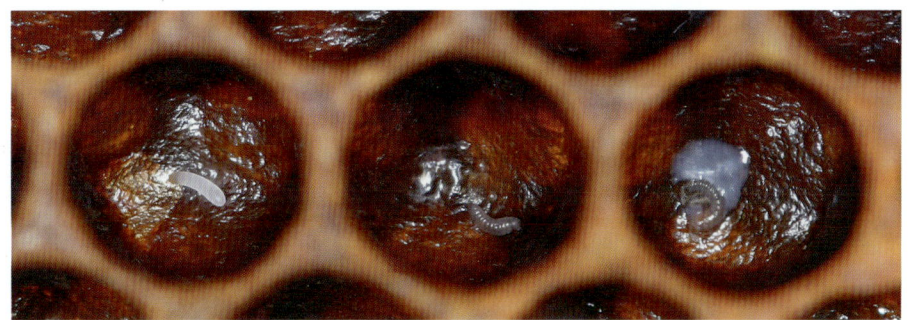

사진 6.5 알(왼쪽) 속에서 3일 동안 꿀벌의 애벌레가 자란다. 그 뒤 꿀벌 유충(가운데)이 부화하면 곧장 로열젤리를 공급한다(오른쪽).

만큼 알을 낳는다. 사람에 비유하자면 한 여성이 여름 내내 매일 같이 아기를 20명쯤 낳는다고 생각하면 된다.

젊은 일벌들은 여왕벌이 알을 낳기 전에 유충 방을 깨끗하게 청소한다(사진 6.3).

꿀벌의 유충

알에서 3일 동안 배가 발달하고, 3일이 지나면 유충이 알에서 나온다(사진 6.4, 6.5).

일벌과 수벌, 여왕벌은 발달 경로가 다르기 때문에 쉽게 구분할 수 있다. 일벌이 될 유충과 수벌이 될 유충, 여왕벌이 될 유충은 모두 다섯 단계의 유충기를 거치지만(사진 6.6~사진 6.8), 유충으로서 지내는 시간이 서로 다르다. 일벌의 유충기는 시간적으로 수벌과 여왕벌의 중간이다(사진 6.9). 유충기가 가장 긴 것은 수벌(사진 6.10)이며, 여왕벌은 유충기가 가

사진 6.6 유충들은 유모벌이 인두샘에서 생산하는 로열젤리를 먹고 자란다.

사진 6.7 좀 더 자란 유충은 차츰 꽃가루와 꽃꿀을 먹이로 섭취한다.

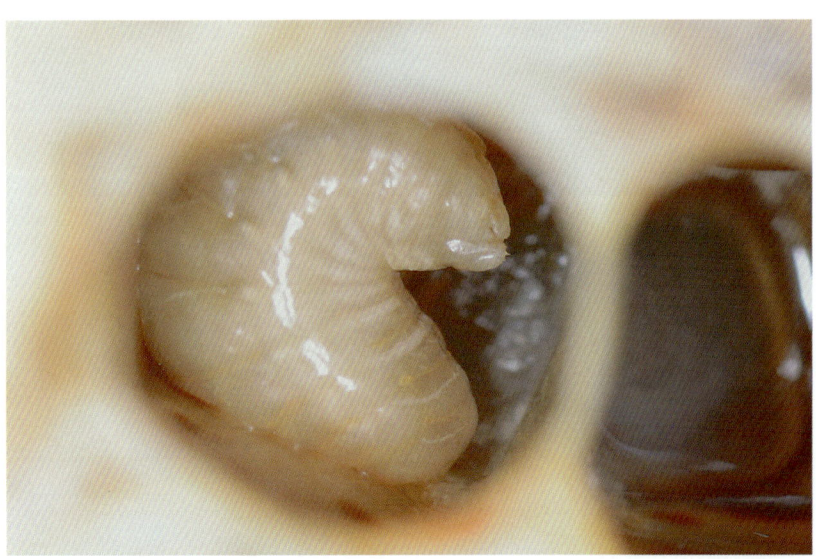

사진 6.8 부화한 지 10일째 되는 날에 꿀벌 유충은 몸을 뻗고 스스로를 실로 감싸 고치가 된다. 일벌은 고치 방에 밀랍 뚜껑을 만들어 덮는다.

사진 6.9 어린 일벌이 유충의 방을 빠져나오고 있다.

장 짧다(사진 6.11). 유충의 몸무게가 불어나는 속도는 참으로 엄청난데, 단 5일 만에 몸무게가 1,000배로 증가한다. 사람에 비유하자면 신생아의 몸무게가 태어난 지 5일 만에 3.5톤으로 증가하는 꼴이다.

여왕벌의 유충기가 가장 짧은 것은 젊은 여왕벌들 사이에서 벌어지는 시간 경쟁 때문인 것으로 추정된다. 가장 먼저 우화한 여왕벌이 아직 우

사진 6.10 어린 수벌이 유충 방을 빠져나오고 있다. 안쪽에서 빠져나오려는 수벌과 바깥쪽에 있는 일벌이 힘을 합쳐 방 뚜껑을 열어젖힌다.

사진 6.11　새로운 여왕벌이 여왕벌의 생육을 위해 특별히 제작된 왕대에서 빠져나오고 있다.

사진 6.12 유충이 번데기 단계에 들어가면 일벌들은 방 위에 밀랍 뚜껑을 만들어 덮는다. 이처럼 꿀벌 유충이 성충으로 성장하는 과정은 엄격히 격리된 가운데 진행된다.

화하지 않은 왕대 속의 경쟁자들을 침으로 찔러 죽일 수 있기 때문이다.

일벌, 수벌, 여왕벌 모두 유충의 마지막 단계에는 몸집이 불어나 몸을 뻗으면 온 방을 채울 정도가 된다. 이 단계에서 유충은 몸을 뻗은 상태로 체내의 분비물을 원료로 한 실로 고치를 짓는다. 이 시기 일벌들은 유충 방에 밀랍 뚜껑을 만들어 덮는다(사진 6.12). 이 뚜껑 아래에서 꿀벌의 애벌레는 번데기 단계를 거쳐 꿀벌 성충으로 변신한다. 벌집 방의 뚜껑은 통기성이 좋아 환기가 가능하며 신호를 전달하는 향기 물질의 왕래도 자

사진 6.13 유모벌은 인두샘에서 '로열젤리'를 생산하여 큰턱샘 안쪽에 있는 분비구로 분비한다(화살표). 이 분비물은 큰턱 끝에 모여(삽입된 사진) 유충의 방에 공급된다.

유롭다.

알에서 부화한 꿀벌 유충은 호사를 누린다. 유모벌이 로열젤리로 만든 걸쭉한 수프를 그들의 방에 공급하기 때문이다. 로열젤리는 유모벌의 머리에 있는 하인두샘hypopharynx glands과 큰턱샘mandible glands에서 분비된다. 이것이 큰턱샘 안쪽 분비구에 맺혀 방울방울 유충 방에 떨어진다(사진 6.13). 유모벌은 부화한 지 5일 내지 15일째 되는 젊은 벌들이다. 유모벌은 로열젤리를 만드는 샘에 충분한 영양을 공급하기 위해 엄청난 양의 꽃가루를 먹어야 한다. 로열젤리를 생산하지 않는 일벌의 몸에서는 이런 샘이 퇴화된다. 그러나 퇴화된 후 필요에 따라 다시금 활성화될 수도 있다. 이런 현상 역시 초개체 꿀벌 군락과 그 구성원들이 보유한 뛰어난 유연성을 보여준다.

꿀벌의 유충은 유모벌이 생산한 로열젤리만을 먹으며 자란다. 맞춤영양식으로 양육되는 셈인데, 이러한 행동은 포유류에게서도 발견된다. 포유류라는 이름도 그런 행동에서 유래하지 않았는가! 꿀벌은 엄마가 생산한 '엄마젖'을 대신하여 자매들이 생산한 '자매젖', 즉 로열제리를 먹고 자란다(사진 6.13).

꿀벌 유충이 유충기에 소비하는 로열젤리는 총 25밀리그램, 즉 25마이크로리터이다. 따라서 각 군락마다 연간 꿀벌 20만 마리를 양육하려면 총 5리터의 로열젤리를 생산해야 한다는 계산이 나온다.

여왕벌 만들기

성장한 유충도 로열젤리를 공급받기는 하지만 점차 꽃가루와 꿀이 섞인다. 그리고 유충기의 마지막 단계에서는 로열젤리를 전혀 공급받지 못한다. 그 단계까지 로열젤리를 먹으면 여왕벌이 된다(사진 6.14). 물론 단순하게 로열젤리를 먹은 기간만으로 일벌과 여왕벌이 갈리는 것은 아니다. 로열젤리의 성분 조합 또한 중요하다. 즉 육탄당 함유량이 35퍼센트인 로열젤리를 먹으면 여왕벌이 되고, 육탄당 함유량이 10퍼센트인 로열젤리를 먹으면 일벌이 된다. 꿀벌 유충의 성장 프로그램은 '단맛' 이 좌우하는 것이 틀림없다.

따라서 로열젤리는 여왕벌이나 일벌로 성장을 유도하는 '환경 인자' 라고 할 수 있다. 생식능력이 없는 일벌과 생식능력이 있는 여왕벌은 꿀벌 군락의 두 계급을 대표한다. 이 계급은 먹이에 의해 결정된다. 유모벌은 일벌 유충보다 여왕벌 유충에 정성을 기울인다. 방문 횟수도 열 배나 차이 난다. 때문에 여왕벌 유충은 로열젤리를 더 자주, 더 많이 섭취하며, 로열젤리의 이러한 양적·질적 차이는 유충들에게 복잡한 생화학적 연쇄반응을 일으킨다. 그리하여 호르몬이 합성되는 시점과 합성된 호르몬의 양이 두 계급을 가른다. 로열젤리가 꿀벌의 발달을 좌우하며, 일벌이 이런 로열젤리의 생산을 조절한다는 점에서 우리는 다시 한 번 자신의 생명 및 발달 조건을 스스로 만들어 나가는 꿀벌 군락의 특이성을 확인할 수 있다. 또한 로얄젤리는 꿀벌 군락의 건강에도 크게 기여한다. 꿀벌의 '자매젖' 은 포유류의 모유처럼 막 부화한 유충들에게 박테리아 감염에 대한 면역력을 제공한다. 꿀벌 유충의 주요 감염 경로 중 하나는 장을 통

사진 6.14 여왕벌로 성장하기 위해서는 유충의 몸집이 커져도 오직 로열젤리만 먹고 자라야 한다. 왕대는 밑에 구멍이 뚫린 채 매달려 있으므로 로열젤리는 여왕벌 유충이 추락하는 것을 막는 접착제 역할도 한다.

한 병원체의 침투인데, 이렇게 침투한 병균은 항균단백질 디펜신을 비롯하여 로열젤리에 함유된 면역 물질에 의해 차단된다.

꿀벌의 양육

로열젤리의 화학적 구성 성분 중에는 그것이 꿀벌의 성장과 건강에 어떤 영향을 끼치는지(사진 6.15, 에필로그의 사진 참고) 아직 규명되지 않은

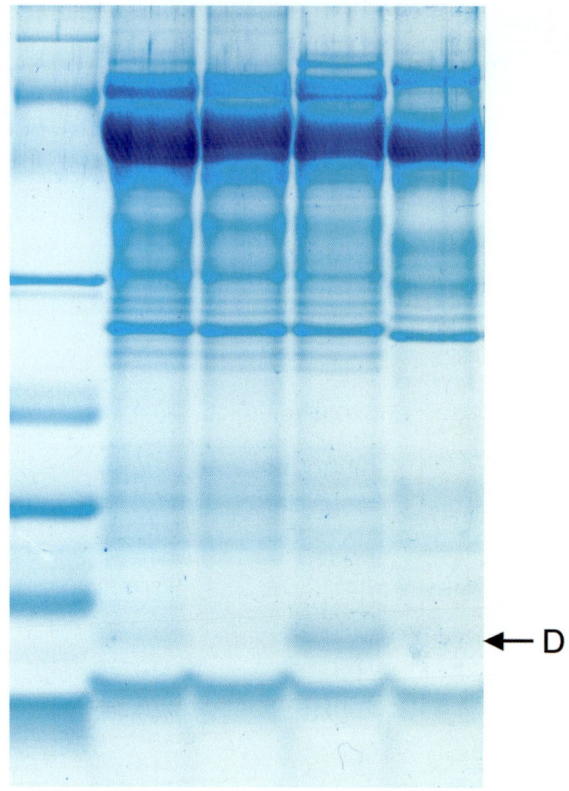

사진 6.15 겔 전기 영동법은 로열젤리의 고분자 구성 성분을 보여준다. 각각의 가로선은 녹말 겔^{gel}에 표시된 다양한 단백질을 나타내며, D라고 표시된 띠는 꿀벌 유충의 감염을 예방하는 디펜신^{defensin}이라는 단백질이다. 사진에서 맨 왼쪽에 있는 기둥은 여러 성분의 혼합물을 분석한 실험 표본이고, 그 옆에 떨어져 있는 네 개의 기둥은 다양한 종의 꿀벌들이 생산한 로열젤리다. 화살표로 표시된 디펜신은 품종에 관계없이 모든 꿀벌에게서 나타났다.

성분들도 있다.

적당한 실험 방법을 동원하여 애벌레가 부화(사진 6.16)한 직후부터 시작하여 유충과 번데기 단계를 거쳐 성충이 되기까지 꿀벌을 인공적으로 양육할 수 있는데, 이런 실험에서 '로열젤리'의 구성 성분에 변화를 줌으

사진 6.16 벌집의 환경(오른쪽)을 모방하여 꿀벌 유충을 부화 단계에서부터 번데기 단계를 거쳐 성충이 될 때까지 실험실에서 사육(왼쪽)하는 것이 가능하다.

로써 로열젤리의 각 구성 성분이 꿀벌의 성장 발달 및 계급 결정, 건강에 어떠한 영향을 미치는지 연구할 수 있을 것이다.

07 벌집의 구조와 기능

벌집은 그 특성으로 인해 초개체의 필수적인 구성 성분으로서 꿀벌 군락의 사회생리학^{sociophysiology}을 여실히 보여주는 공간이다.

벌집은 초개체 꿀벌 군락의 가시적인 구성 성분으로서 가장 핵심적인 역할을 담당한다. 꿀벌 군락에게 벌집은 일반적인 둥지보다 훨씬 더 심오한 의미를 담고 있다. 일반적인 둥지는 주변의 물질을 이용하여 지어지며, 둥지 속에 거주하는 동물을 보호한다. 반면 벌집을 짓는 행위는 꿀벌의 삶의 일부이다. 벌집은 '꿀벌의 삶의 자취' 이상이다. 해변의 모래톱에 찍힌 갈매기의 발자국도 갈매기의 '삶의 자취'이지만, 이 자취는 갈매기의 삶에 아무런 영향도 미치지 못한다. 반면에 '꿀벌의 자취$^{spoor\ of\ bees}$' 로서의 벌집은 꿀벌의 특성을 규정하고 그들의 생활을 좌우한다. 온대 기후 지역에서 보통 구멍 속에 짓는 벌집은 거주 공간이자 저장 공간이자 육아 공간일 뿐만 아니라 꿀벌 군락의 두개골, 감각기관,

신경계, 기억 저장소, 면역 체계라고 할 수 있다. 벌집의 재료인 밀랍은 꿀벌에 의해 자급자족이 가능하며 초개체의 삶과 기능에 밀접한 관련이 있다.

벌집─초개체의 기관

물질, 에너지, 정보는 생명을 가능케 하는 3대 기본 요소이다. 생리학은 이들 세 요소가 시공간적으로 어떻게 결합하고 기능하는지 설명한다. 아울러 생리학자는 이들 세 가지 삶의 토대를 통제하고 조절하는 힘과 메커니즘을 세부적으로 고찰한다.

벌집은 꿀벌 군락에게 없어서는 안 되는 필수적인 요소이다. 벌집은 군락의 물질, 에너지, 정보 전달에 핵심적인 역할을 한다. 벌집은 유기체가 적응해야 하는 고전적인 의미의 환경이 아니라, 꿀벌이 스스로 구축한 환경으로서 다른 신체 기관과 동일한 꿀벌 군락의 일부이다. 수집벌은 먹이를 찾아 비행할 때에만 벌집을 떠나며, 일생의 90퍼센트 이상을 벌집에서 생활한다. 벌집에서 보내는 시간이 이렇듯 많다는 것만 봐도 초개체를 이루는 벌과 벌집 사이에 무수한 상호작용이 존재함을 알 수 있다.

프랑스의 생리학자 클로드 베르나르$^{\text{Claude Bernard}}$(1813~1878)는 1850년 유기체의 외적 환경$^{\text{milieu extérieur}}$과 뚜렷이 구별되는 '내적 환경$^{\text{milieu intérieur}}$'이라는 중요한 개념을 체계화하였다. 외적 환경은 조절할 수 없는 반면에 내적 환경은 정확히 조절되며, 그러한 내적 상태를 항상성^{homoeostasis}이라고 한다.

하지만 꿀벌의 경우 스스로 구축한 외부 환경인 벌집도 항상성이 유지되어, 내적 환경과 외적 환경이 더 이상 구분되지 않는다. 이처럼 베르나르가 상정한 내적 환경과 외적 환경 간의 경계가 모호해진다는 점만 보아도 벌집이 초개체 꿀벌 군락의 생리학적 필수 요소임은 확실하다. 초개체 꿀벌 군락은 '벌집'과 '꿀벌'로 이루어지며 벌집은 진화 과정에서 개개 꿀벌과 더불어 끊임없이 발전해왔다. 벌집은 초개체의 일부분이며, 개개 꿀벌의 신진대사 및 의사소통, 그리고 꿀벌 군락의 사회생리학과 진화생물학적 건강에 기여한다. 꿀벌의 신경계가 꿀벌의 일부분이듯이 벌집 역시 꿀벌의 일부분인 것이다.

밀랍 공장

둥지의 건축 재료를 손수 생산한다는 점에서 꿀벌은 단연 동물의 엘리트이다. 밀랍은 꿀벌 배의 환절 일곱 개 중 네 개에 위치한 네 쌍의 밀랍샘에서 분비되는데, 이 부분은 소위 밀랍경이라는 매끄러운 표면으로 되어 있다(사진 7.1). 갓 우화한 꿀벌의 밀랍샘은 다 자랄 때까지 며칠이 걸리는데, 밀랍샘이 최고 성능을 발휘하는 것은 일령 12~18일 사이이다. 이후 밀랍샘은 점차 퇴화한다. 그러나 필요에 따라 늙은 벌의 밀랍선도 다시 제 기능을 찾을 수 있다. 인위적으로 개입하여 늙은 벌로만 꿀벌 군락을 구성할 경우, 이 군락의 상당수 벌들이 밀랍샘의 기능을 회복한다. 밀랍 생산뿐만 아니라 꿀벌의 생활 전반에 걸쳐 이런 유연성이 나타나는데, 이는 꿀벌의 해부학적, 생리학적, 행동학적 특성이기도 하다.

사진 7.1 여덟 개의 부드러운 마디로 구성되어 있는 밀랍경wax mirror은 일벌의 배 쪽에서 찾을 수 있다. 밀랍은 밀납경 아래 밀납샘으로부터 분비되는데, 분비된 후에는 딱딱하게 굳어져 밀랍 조각이 된다.

밀랍샘에서 분비된 밀랍은 굳어져 건조한 두피에서 벗겨진 각질처럼 작고 얇은 조각이 된다(사진 7.2).

건축 재료를 자신의 몸에서 자체 생산할 수 있다는 것은 꿀벌의 생물학에 광범위한 영향을 끼친다. 꿀벌은 자신의 체내에서 재료를 분비할 뿐 아니라 재료의 성질까지 좌우하여 고객을 만족시키는 '건축업자'처럼 벌집의 건축 재료를 스스로 결정한다.

분비된 밀랍 조각이 곧장 벌집 바닥으로 떨어지지 않으면 꿀벌은 그 조각을 뒷발의 넓은 체절로 낚아채어(사진 7.3), 중간 다리와 앞다리를 거쳐 입 쪽으로 옮긴다(사진 7. 4).

사진 7.2 일벌들은 벌집을 지을 때, 필요에 따라 여덟 개의 밀랍경 아래의 밀랍샘을 활성화하여 한 번에 여덟 조각의 밀랍을 생산한다.

사진 7.3 밀랍경에서 배출된 밀랍 조각은 뒷발의 무성한 털로 찍어 앞에 있는 입으로 전달된다.

사진 7.4 일벌은 입으로 작은 밀랍 덩어리를 반죽할 때, 밀랍을 보다 쉽게 다룰 수 있도록 효소를 첨가한다.

입에 있는 두 개의 큰 턱으로 밀랍 조각을 큰턱샘의 분비물과 함께 섞어 밀랍에 적당한 끈기가 생길 때까지 충분히 반죽한다. 이러한 과정에 일벌은 밀랍 한 조각당 약 4분의 시간을 들인다. 100그램의 밀랍으로 약 8천 개의 방을 만들 수 있는데, 밀랍 100그램은 밀랍 조각 약 12만 5천 개에

사진 7.5 한 군락이 서둘러 벌집을 짓기 시작하면 벌집 바닥에 밀랍 조각이 비처럼 쏟아진다. 화분 덩어리 사이에 밀랍 조각이 떨어져 있다.

해당한다(사진 7.5).

특히 새로운 은신처에 입주한 꿀벌 군락은 엄청난 에너지를 들여 밀랍을 생산한다. 벌집을 새로 지어야 하는 군락은 1200그램의 밀랍을 만들 에너지를 얻기 위해 약 7.5킬로그램의 꿀을 소모해야 한다. 1200그램의 밀랍으로 약 10만 개의 방을 만들 수 있는데, 이는 중간 규모 정도의 벌집 크기다.

사진 7.6 새로운 벌집을 지을 때 둥지 지붕 몇 군데에 무작위로 밀랍 덩어리를 붙이기 시작한다.

벌집 건축

분봉할 때 옛 벌집에서 채워온 꿀은 우선 500개 정도의 방을 만들 수 있는 에너지가 되어준다. 그러나 새 둥지에 입주하면 곧 수집 활동이 개시되므로 벌집은 점차 확장된다.

벌집은 둥지 구멍의 윗부분부터 지어지기 시작한다. 우선 꿀벌은 입으로 밀랍 덩어리를 은신처의 지붕 여기저기에 붙인다. 일반적으로 새로운 벌집을 지을 때에는 이렇듯 여러 곳에서 동시에 작업을 시작하는데, 시작 지점은 무작위로 정해진다(사진 7.6). 그러나 특정 지점을 한 번 선택하면 그 선택은 이어지는 집짓기 활동에 영향을 미친다.

그렇게 만들어진 두툼한 밀랍 구조는 계속 확장되어 나간다. 다음 벌이 맨 처음 벌집을 짓기 시작할 때처럼 밀랍을 아무 데나 붙이는 것이 아

사진 7.7 꿀벌 무리는 각기 다른 장소에서 동시에 작업을 시작하지만 그것은 전혀 문제가 되지 않는다. 벌집의 각 부분은 마치 지퍼로 끼워 맞춘 듯 정확하게 결합하기 때문이다.

니라 이미 밀랍이 붙어 있는 밀랍층에 이어 붙이기 때문이다. 1959년 프랑스의 곤충학자 피에르 그라스$^{Pierre\ P.\ Grasse}$는 사회적 연결망^{stigmergy}이라는 용어로 꿀벌 간에 의사소통이 전혀 필요 없는 벌집 건축 메커니즘을 설명했다. 꿀벌은 벌집을 지을 때 선천적 반응에 따라 새로운 밀랍 덩어리를 이미 밀랍이 붙어 있는 곳에 붙여 두툼한 밀랍층을 빠르게 형성한다. 그

사진 7.8 벌집이 새로 지어지는 곳이나 결함이 있는 벌집을 보완하는 곳에서 꿀벌들이 만드는 사슬이 어떤 기능을 하는지는 전혀 알려진 바 없다.

러면 다른 꿀벌들이 이런 밀랍층을 이용하여 점차 정교한 방을 만들어 나간다.

나중에 각각 떨어져 있던 건축물들이 만나 완전한 벌집을 이루면, 벌집 방의 패턴에서 그 어떤 불규칙함도 찾아보기 어렵다(사진 7.7).

벌집을 짓는 동안에 수많은 벌들이 벌집의 가장자리와 둥지 구멍 밑바닥 사이에 마치 살아있는 사슬처럼 매달려 있는 모습을 볼 수 있다. 그렇게 오랫동안 서로 발을 연결하여 움직이지 않고 매달려 있는 것이다(사진 7.8). 꿀벌이 이런 사슬을 만드는 이유는 전혀 알려져 있지 않다. 이런 사슬이 벌집의 바닥으로 떨어지는 밀랍 조각을 모아 다시 위로 올려 보내는

사진 7.9 하얀 밀랍으로 건축된 새 벌집은 매우 아름답다.

'사다리' 역할을 하는 것일까? 그러나 오늘날까지 그런 광경은 관찰된 적이 없다.

    벌집 방의 외관은 모든 관찰자를 놀라게 한다. 우선 예술적인 장신구의 문양으로도 활용되는 믿을 수 없을 정도로 규칙적인 기하학적 형태가 눈에 들어온다(사진 7.9).

    벌집의 기하학을 세부적으로 살펴보면, 이렇게 믿을 수 없을 만큼 정확한 구조가 곤충에 의해 탄생되었다는 사실에 감동하지 않을 수 없다. 개별적인 방 벽은 전체 길이가 1센티미터가 넘고, 두께는 정확히 0.07밀리미터이며, 매끈매끈한 벽 사이의 각은 모두 120도다(사진 7.10). 벌집은

07 벌집의 구조와 기능 ••• 195

정확히 수직으로 매달려 있는데, 방들은 수평이 아니라 방바닥 쪽으로 약간 기울어져 있는 형태다. 나란히 매달려 있는 벌집 사이의 간격은 보통 8~10밀리미터이다.

요하네스 케플러^{Johannes Kepler}나 갈릴레오 갈릴레이^{Galileo Galilei}를 비롯하여 수학에 관심이 많던 위인들은 예로부터 벌집에 매료되었다. 벌들에게 수학적인 이해가 없다면 어떻게 그토록 정확한 구조로 벌집을 지을 수 있는지 상상하기 어려웠다.

이후 꿀벌생리학에 관한 연구가 진행되면서 벌집이 어떻게 그렇게 수직으로 평행하게 조직될 수 있는지도 밝혀졌다(사진 7.11).

꿀벌의 모든 관절에는 감각을 느끼는 털이 있다. 중력이 신체의 각 부분을 진자나 지레처럼 서로에 대해 움직이게 할 때, 이 감각털이 자극을 받는다(사진 7.12). 그리하여 감각털의 감각세포는 중력이 잡아당기는 방향을 감지할 수 있다. 벌들이 자리를 잡는 벌집 방은 아주 어둡기 때문에 꿀벌의 시력은 벌집을 짓는 데 아무런 도움이 되지 않는다.

그러므로 벌집을 수직으로 매달려 있는 형태로 지을 수 있는 것은 중력 감각기관의 도움 덕분이다. 벌집과 벌집의 간격은 벌집 위를 돌아다니는 벌의 키에 맞춰진다. 벌들이 이웃한 벌집 위를 등에 등을 맞대고 문제 없이 뛰어다닐 수 있도록 말이다(사진 7.13). 꿀벌들은 벌집과 벌집 사이의 간격을 더 크게 벌어지게 하지 않고, 이런 최소 거리를 정확히 유지한다.

그렇게 탄생한 벌집 사이의 골목길은 각 방에 공기가 통하게 함으로써 벌집의 온도 조절에도 기여한다. 나란히 매달려 있는 벌집이 평행한 직선 형태를 이룰 경우는 드물지만, 구불구불할지라도 서로 평행하다. 여기에

사진 7.10 벌집의 기하학적 세부 형태는 예로부터 인간을 매혹시켜 왔다.

사진 7.11 나무 구멍 속에 벌집이 수직으로 서로 평행하게 지어져 있다.

사진 7.12 구멍의 어둠 속에서 벌들은 중력 방향을 이용하여 질서정연하게 벌집을 짓는다. 중력 감각기관은 모든 다리 관절과 머리, 가슴, 배 사이에 위치한다.

사진 7.13 꿀벌은 집을 지을 때 평행한 벌집 사이의 간격을 벌집 위를 기어다니는 벌들이 문제없이 등에 등을 맞대고 지나갈 수 있을 정도로 조절한다.

서 지구의 자기장 선들이 집 짓는 벌들에게 도움을 준다. 꿀벌들은 우리에게 아직 알려지지 않은 감각 기관으로 자기장을 감지할 수 있다.

하지만 각 방들은 어떻게 그렇게 정확한 패턴을 가질 수 있을까? 이 같은 정확성이 어떤 특별한 비결에서 나온 것이 아닌, 벌들의 참여하에 스스로 조직되는 과정 속에서 저절로 이루어진 것이라는 설명은 실망스러

사진 7.14 말벌들은 나무를 씹어 스스로 만들어낸 종이로 벌집을 짓는다. 꿀벌 집과 비교할 때 말벌 집은 기하학적으로 그다지 정교하지 않다. 각이 두루뭉술하고 각도도 정확하지 않다.

울지도 모르겠다.

결정체를 연상케 하는 벌집 방의 정확성은 벌의 건축 재료인 밀랍의 특성에 기인한다. 말벌도 6각형으로 집을 짓지만 말벌 집의 기하학적 형태는 매우 대략적이며, 둥그스름한 실린더 모양이다(사진 7.14). 말벌의 건축 재료는 나무 섬유에 침을 섞어 만들어지는 종이이며, 방의 벽은 주위의 방들이 행사하는 항장력$^{tensile\ stress}$으로 인해 어느 정도 일직선으로 정렬된다.

반면 꿀벌 집의 방들은 형태가 완벽하다. 그렇다고 꿀벌의 건축 기술이 말벌들보다 더 정교한 것은 아니다. 꿀벌 집의 형태가 그렇게 정확한 것은 '능동적인 건축 재료'로서 꿀벌의 집짓기를 도와주는 밀랍 때문이다.

꿀벌의 밀랍을 화학적으로 분석하면 300가지가 넘는 다양한 화합물로 구성되어 있음을 알 수 있다. 밀랍은 낮은 온도에서 고체처럼 느껴지지만, 물리학적 기준으로는 액체이다. 유리도 마찬가지다. 유리는 물리학적으로 볼 때 액체지만, 유리가 액체라고 하면 어리둥절할 것이다. 유리가 왜 액체일까? 고체는 녹는점이 명확하게 정의되어 있다. 반면 유리는 가열하면 서서히 액체가 된다. 밀랍도 마찬가지다. 그러나 밀랍의 변화는 온도가 높아지면서 서서히 일정하게 이루어지지 않는다. 밀랍층 내부의 세부 구조는 세 가지 기본 상태를 갖는다. 하나는 고도로 질서정연한 결정 상태다. 이때 밀랍 분자들은 아주 정확히 평행하게 배열된다. 또 하나의 상태는 이와 반대로 분자들이 서로 무질서하게 배열된 비결정의 상태다. 그리고 세 번째로 그 중간 상태인 가짜 결정 상태도 있다. 가짜 결정 상태는 결정 상태와 비결정 상태가 혼재하는 상태다. 밀랍을 가열하면 비결정 상태로 변한다. 그런데 결정 구조에서 가짜 결정 구조를 거쳐 비결정 구조로 나아가는 변화는 온도가 올라가면서 점차적으로 이루어지지 않고 두 번의 도약기, 즉 약 25도와 40도(소위 도약 온도)를 거친다. 이런 도약 지점에서 밀랍 분자들이 서로에 대해 움직일 수 있는 정도는 뚜렷이 그리고 갑작스럽게 변화한다. 이 과정을 현미경으로 관찰하면 밀랍의 유연성이 변화하는 것을 확인할 수 있다.

밀랍의 이런 특성과, 체온을 섭씨 43도 이상으로 높일 수 있는 꿀벌의 능력이 바로 기하학적으로 매우 정확한 벌집 건축의 토대다. 리처드 렘넌트[Richard A. Remnant]는 1637년에 정밀 기기의 도움 없이 이를 정확히 관찰했고, "꿀벌의 열은 밀랍을 매우 따뜻하고 말랑말랑하게 만들 수 있으므로 꿀벌은 밀랍을 수집한 후 바로 가공하여 작업할 수 있다."라고 기술하였다. 이 글에서 볼 수 있듯이 렘넌트 역시 당시 널리 퍼져 있던 착각에 빠져

사진 7.15 벌집 방은 원통형으로 만들어지며 시간이 흐르면서 점차 육각형 모양을 띠게 된다.

있었는데, 당시에는 꿀벌이 밀랍을 꽃으로부터 수집한다고 생각했다.

벌집 방의 벽을 세우기 시작하면서 꿀벌들은 자신의 몸을 형판으로 활용하여 실린더 모양의 관을 만든다. 방바닥은 우선 부드러운 반구형으로 만들어지며, 몇 주 동안 그 상태를 유지한다. 그러다가 벌들이 둥근 관 모양의 방(사진 7.15)의 밀랍 온도를 37도 내지 40도로 높이면(사진 7.16) 전형적인 육각형 모양의 방이 만들어진다. 벌집 방 건축 현장은 일벌에 의해 후끈 달아오르기 시작한다. 일벌들은 밀랍을 데워 얇은 밀랍 벽을 천천히 액체 상태로 만든다. 그러면 벽 내부의 역학적 긴장으로 인해 비누 거품 두 개가 서로 만났을 때와 같은 현상이 일어난다. 비누 거품이 만나는 자리가 판판해지는 것과 마찬가지로, 맞붙은 원통형 모양의 벽은 반듯

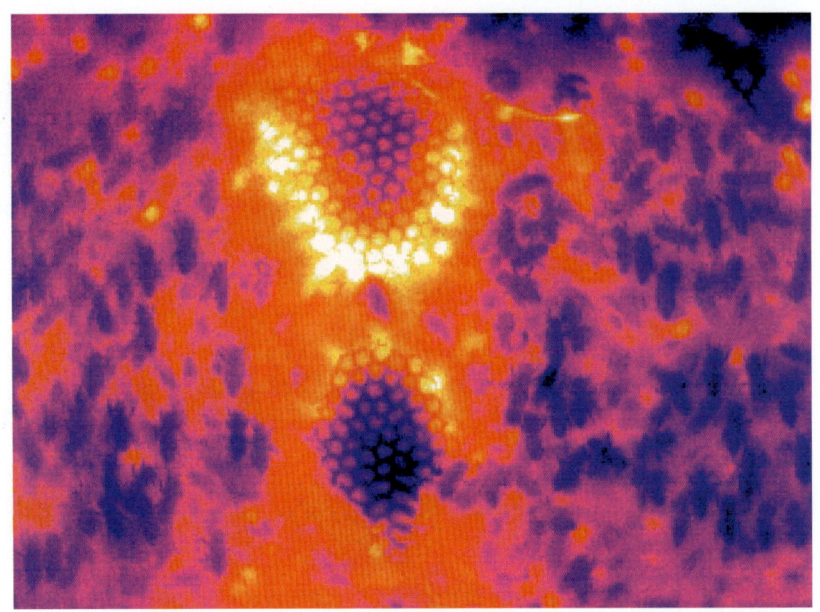

사진 7.16 두 개의 벌집 방 건설 현장을 열적외선 사진으로 확인한 결과 건축벌들은 밀랍을 가열하여 액체 상태로 만든 다음, 내적 장력으로 인해 저절로 규칙적인 육각형 패턴이 만들어지도록 하는 것을 확인할 수 있다.

하고 매끈한 상태가 되며, 0.07밀리미터의 균일한 두께와 120도의 정확한 각도를 이룬다.

벌집을 짓는 꿀벌의 두 더듬이에서 인위적으로 각각 끝 부분을 제거하면 꿀벌들은 벽의 두께가 거의 두 배에 이르는 비정상적인 방을 만드는데, 이때 벽에 구멍이 뚫리기도 한다. 그러므로 더듬이를 다치면 밀랍 온도를 더 이상 잴 수 없어 밀랍을 데우지 않는 것이 확실하다. 주변 온도를 측정할 수 있는 감각기관이 벌의 더듬이 끝에서 가장 바깥쪽 환절에 오밀조밀하게 붙어 있기 때문이다. 그리하여 더듬이를 잘라내면 벌들은 대부분의 감각을 상실하고 온도를 제대로 감지하지 못한다.

그렇게 한 부분 한 부분 결정 모양의 벌집 방이 저절로 탄생한다. 벌집

사진 7.17 막 탄생한 방은 반구형이다. 여기서 방바닥이 세 개의 마름모꼴로 되어 있는 것처럼 보이는 것은 건너편에 있는 방이 비쳐 보이기 때문이다.

에 빛을 비추면, 특히 역광에서 벌집 방의 바닥이 처음부터 일정한 크기의 마름모꼴 세 개로 이루어진 것처럼 보인다. 그러나 벌집을 짓는 초기 단계에 벌집 방은 아직 각이 잡히지 않은 둥그스름한 반구 모양이다. 그러므로 그런 모습은 아직 반구 모양인 방바닥을 통해 벌집 뒤편 벽의 기초가 비쳐 보임으로써 유발되는 착시현상이다(사진 7.17).

시간이 흐르면서 방의 바닥들도 결국 아주 얇아져서 저절로 매끈한 마름모꼴이 된다. 그리하여 완전한 벌집이 만들어진다.

초기 단계의 작고 둥근 밀랍 방들을 떼어내 조밀하게 붙여 놓고 서서히 데우면, 벌의 도움을 받지 않아도 육각형 방이 만들어진다. 또한 1984년 NASA의 우주왕복선을 타고 비행하는 가운데 무중력에 원심력도 없는 상태에서 꿀벌 군락은 지구에서와 동일한 상태의 벌집 방을 만들었다. 이로써 패턴을 형성하는 벌집 방의 내부적인 힘은 꿀벌의 열 공급을 제외하면 다른 외부적인 도움이 필요하지 않다는 사실을 알 수 있다. 다만 우주에서 지어진 벌집은 수평을 기준으로 할 때, 방의 기울기가 좀 더 무질서하게 배치되는 특징이 있었다. 이것은 무중력 상태에서 예상했던 바였다.

이렇듯 스스로 조직되는 과정을 통해 탄생된 벌집은 인상적인 기하학적 패턴을 보여줄 뿐 아니라 정확한 정역학적 특성을 지닌다. 이런 특성들은 또한 벌집이 완성된 후 벌들에 의해 끊임없이 조절되고 수정된다.

수학자들은 새로운 계산 방법을 동원하여 벌집의 기하학이 가능한 한 최소한의 밀랍으로 최대의 공간을 만들 수 있는 최적의 해결 방안임을 설득력 있게 피력하였다. 최초로 이를 시도한 학자는 그리스의 천문학자이자 수학자인 알렉산드리아의 파푸스^{Papus}(290~350년)였다. 방 가장자리를 제외하고 계산하면 그의 결론에는 문제가 없다. 하지만 방 가장자리에 두

틈하게 붙은 밀랍을 계산에 포함하면 사용된 밀랍의 양이 30퍼센트(심지어 최대 50퍼센트) 이상 추가되고, 최소한의 재료로 최대의 공간을 만든다는 벌집의 기하학은 더 이상 통하지 않는다.

벌집은 밀랍으로만 구성되지는 않는다. 자체 생산되지 않는 프로폴리스도 한몫을 한다. 벌들은 식물의 수지를 채취하고 프로폴리스를 만들어 밀랍 벽 위에 바를 뿐 아니라 밀랍 벽 속에도 넣는다. 밀랍 위와 밀랍 안에 프로폴리스를 의도적으로 분산시키는 것으로 꿀벌들은 벌집의 특성을 조종할 또 하나의 가능성을 가지게 된다.

꿀벌들은 각 벌집 부분을 그 쓰임새에 따라 조작한다.

벌집의 기능

10만 내지 20만 개의 방을 가진 벌집은 꿀벌을 위해 이상적인 방식으로 다양한 기능들을 수행한다. 벌집의 기능은 다음과 같다.

- 꿀벌의 은신처
- 벌꿀의 생산소
- 벌꿀의 저장소
- 꽃가루 저장소
- 유충의 양육소
- 꿀벌의 통신망
- 정보의 저장소

- 군락 고유의 신분증명서
- 병균에 대한 최초의 방어선

먼저 열거한 네 가지 기능은 특별한 건축 재료를 요구하지 않는다. 해당 지역이 벌집에 적절하게 확산되어 있기만 하면 된다.

벌집의 구조

어떤 벌집은 주로 꿀 저장에 사용된다. 한 꿀벌 군락의 전체 벌집들 중에 꿀 창고로 활용되는 것은 바깥쪽 벌집들이다. 둥지 중앙에는 소중한 유충의 벌집이 놓이는데, 유충의 벌집은 나란히 위치한 여러 벌집에 나뉘어 있는 경우도 있다. 그런 경우 벌집은 세 영역으로 구성된다. 알 방, 유충 방, 고치 방이 벌집 중앙에 위치하고 그 주위로 꽃가루가 채워진 방들이 화환처럼 둘러싸고 있으며, 나머지 방들은 꿀로 채워진다. 생식동물이 양육되는 시기에 벌집의 구조는 좀 더 복잡해진다. 직경이 약간 더 큰 수벌의 방이 추가되기 때문이다(사진 7.18).

꽃가루로 채워진 방들은 뚜껑이 없다. 벌들은 꽃가루에 약간의 꽃꿀을 섞어 뭉친 꽃가루를 방 안에 꼭꼭 눌러 놓는다(사진 7.19). 그리하여 꽃가루는 단단한 덩어리 상태로 존재하므로 방을 봉인할 필요가 없다.

꽃꿀을 꿀로 바꾸려면 무엇보다 물을 증발시키기 위한 열이 필요하다. 꿀벌들은 체온으로 그 열을 제공한다.

꿀이 어느 정도 걸쭉해지면 꿀을 저장한 방은 밀랍 뚜껑으로 봉인된

사진 7.18 벌집은 군락의 모든 계급을 보호한다. 수벌의 번데기는 사진에서 뒤쪽에 보이는 둥그스름한 뚜껑이 덮여 있는 커다란 방에 있으며, 일벌의 번데기는 그 앞쪽에 더 작고, 뚜껑이 납작한 방에 있다.

다. 그리고 뚜껑으로 봉인되기 전이라 해도 벌집의 모든 방은 완전히 수평 상태가 아닌 바닥 쪽으로 약간 기울어진 상태로 놓여 있기 때문에 중력과 표면 장력으로 인해 꿀이 흘러나오지 않는다(사진 7.20).

한 종족은 여름 동안 꿀을 최대 300킬로그램까지 생산할 수 있다. 그 꿀 중 현격하게 많은 양은 다시금 연료로 사용된다(제8장 참고).

이런 대규모 꿀 저장 시설은 항상 위험을 동반한다. 우선 미생물이 빠르게 증식할 가능성이 있다. 그러나 꿀벌들은 침샘에서 분비되는 항박테리아성, 항균성 펩티드peptides와 효소들enzymes을 꽃꿀에 첨가함으로써 미생물의 증식을 막는다.

또 하나의 위험은 대규모 꿀 창고가 강도들을 유혹한다는 것이다. 강도

사진 7.19 꽃가루는 커다란 덩어리로 방 안에 보관하거나 고운 분말로 다져 보관한다.

사진 7.20 신선한 꿀들이 방에서 빛난다.

사진 7.21 들에 먹을 것이 별로 없어지면, 꿀벌 군락들 간에 꿀을 노리는 기습 사건이 증가한다. 그리하여 벌통 위나 벌통 안에서 싸움이 벌어진다.

는 낯선 동물일 수도 있고, 자신의 저장고를 손쉽게 채우고자 하는 이웃 꿀벌 군락일 수도 있다. 특히 늦여름쯤 수확이 별로 없을 때 이런 위험은 폭발적으로 증가하며, 꿀벌들은 이런 위험에 독침으로 대처한다(사진 7.21). 침으로 다른 벌을 쏜 벌은 희생자의 몸에서 자신의 독침을 다시 빼어낼 수 있다. 훗날 진화의 과정에서 갈고리가 달린 침을 더 이상 빼낼 수 없는 포유류와 같은 동물이 등장한 것은 꿀벌들에게는 전혀 '예측하지 못한' 일이었고, 이런 일은 '사고'로 해석되는 듯하다.

침을 쏠 때 침이 독낭, 작은 근육, 신경세포와 함께 몸에서 배출되면 침을 쏜 벌은 배에 커다란 상처를 입고 죽고 만다. 하지만 그렇게 희생되는 벌의 수는 그리 많지 않아서 매끈한 침으로의 진화적 선택은 이루어지지 않은 듯하다.

배출된 침은 그 자체만으로도 아주 효과적으로 기능한다. 작은 근육들이 침을 따라 계속 움직인다. 갈고리는 깊숙이 파고들어, 침 아래의 작은 선에서 공기 중으로 경고페로몬을 분비한다. 이 페로몬은 벌통의 다른 동료에게 공격 개시를 알리는 신호가 된다. 이런 경고페로몬의 주성분은 아세트산이소펜틸이라는 화합물로 이루어지는데, 이 물질은 잘 익은 바나나 향기를 풍긴다. 따라서 자신의 몸에서 꿀벌 선동 효과를 테스트해 보고 싶지 않다면 꿀벌 군락 근처에서 바나나를 먹는 것은 피해야 한다.

벌집에 있는 세 가지 보물(유충, 꽃가루, 꿀)의 질서 있는 배치는 확인할 수 있으며 중요한 의미를 갖는다. 이 중 가장 귀한 보물인 유충은 가장 안전한 중앙에 배치된다. 그리고 유충들을 돌보는 벌들이 유충에게 공급하기 쉽도록 꽃가루가 유충의 방 주위에 배치되고, 나머지 저장 공간은 꿀로 채워진다.

그러나 이런 패턴은 어떻게 생겨날까? 전체적인 시각을 가지고, 벌집을 이런 패턴으로 구성하도록 일벌들을 조종하는 것은 누굴까?

다시금 벌들은 분산적이고 자기조직적인 메커니즘을 보여준다.

벌집 안에 유충, 꽃가루, 꿀을 배치하는 일에 참여하는 벌들은 다음과 같다. 우선 알을 낳는 여왕벌이다. 그러나 알의 배치는 일벌에 의해 수정될 수 있다. 두 번째로 수집벌에게서 꽃꿀을 넘겨받아 방에 채우는 벌들도 여기에 참여한다. 마지막으로 꽃가루를 수집해 와 직접 방에 보관하는 꽃가루 수집벌들도 배치를 주도한다. 따라서 배치 패턴이 어떻게 생겨나는가를 보려면 유충, 꽃가루, 꿀이 벌에 의해 어떤 규칙으로 각각의 방에 채워지고, 다시 제거되는지를 살펴보아야 할 것이다.

벌집의 방들은 서로 다른 시기에 모든 가능한 것으로 채워질 수 있다. 뒝벌은 물론 침 없는 벌과 말벌도 벌집을 짓지만, 벌집 방을 이렇게 다목적으로 사용할 수 있는 것은 꿀벌이 유일하다. 뒝벌과 침 없는 벌, 말벌의 방들은 모두 한 가지 목적에만 이용된다.

여왕벌은 여름에 거의 일 분에 하나씩 빈방에 알을 낳는다. 그렇게 하루에 1,000개에서 2,000개의 방에 알을 낳는다. 이때 여왕벌은 그리 체계적으로 행동하지 않는다. 벌집의 규칙적인 기하학적 패턴으로 인해 규칙적으로 일하는 것이 가능할 것 같지만 작업의 규칙성은 발견되지 않는다. 다만 여왕벌은 이미 유충이 있는 곳 근처의 확실히 비어 있는 방에 우선적으로 알을 낳는다. 그리고 알 낳는 일을 벌집의 중앙에서 시작한다. 이런 방식으로 중앙에 유충 방들이 연이어 있는 구역이 탄생한다. 앞으로 살펴보겠지만 유충 방이 이렇게 연이어 배열되는 것은 꿀벌 군락의 사회생리학에 매우 중요하다. 그리고 이런 유충 방 주변에 꽃가루 방이 화환 모양으로 둘러싸며, 그 가장자리에 꿀을 저장한다(사진 7.22).

꿀 방과 꽃가루 방을 채우는 일과 관련한 초개체의 작업은 정말이지 인상적이다. 한 시즌 동안 꿀벌 군락은 최대 300킬로그램의 꿀을 생산한다. 이를 위해 꿀벌 군락은 약 750만 번의 비행을 나가야 하며, 총 비행거리는 행성 간의 거리에 육박하는 2천만 킬로미터에 이른다. 이것은 지구와 금성 간의 절반이 넘는 거리다. 그것도 모든 벌들이 한 번 수집을 나가면 꿀주머니를 가득 채워 둥지로 돌아온다는 전제에서 가능하다. 한 번의 비행에서 꿀벌이 자기 몸무게의 절반이 조금 넘는 40밀리그램의 꽃꿀을 가지고 온다고 하면, 방 하나를 꿀로 채우기 위해서는 25번의 수집 비행을 다녀와야 한다. 원래 수집해 온 꽃꿀은 당도가 40퍼센트이며 이것

사진 7.22 유충, 꽃가루, 뚜껑 덮인 꿀들은 벌집에 무질서하게 배열되지 않고, 고정된 패턴을 따라 배치된다.

07 벌집의 구조와 기능 ••• 215

은 꿀 생산을 담당하는 일벌에 의해 당도 80퍼센트의 걸쭉한 꿀로 농축된다.

꽃가루의 경우 꿀벌 군락은 1년에 20~30킬로그램의 꽃가루를 수집하는데, 꽃가루를 수집하는 벌이 보통 한 번에 약 15밀리그램의 꽃가루를 나르는 것을 감안할 때 이 정도 양을 비축하기 위해서는 백만 번에서 이백만 번의 수집 비행을 해야 한다.

꿀벌 시즌의 초기부터 벌집에 유충, 꿀, 화분 방이 전형적으로 배치되는 것은 저절로 조절되는 패턴 형성 과정을 통해 이루어진다.

벌집의 서로 다른 영역들이 그 위치를 통해 용도를 표시하는 게 아닐까 하는 생각이 들 수도 있을 것이다. 벌집의 중앙에서 가장자리로 가면서 변화되는, 알려지지 않는 단위가 있는지도 모른다. 그것은 화학적인 표지일 수도 있고, 벌집 방의 역학적 특성이나 온도와 같은 물리적 표지일 수도 있다. 벌집을 퍼즐처럼 분해해서 다시 조합해 봄으로써 이런 생각이 맞는지 시험해 볼 수 있다. 실제로 그런 실험에서 벌들은 엉망진창이 된 방들을 곧 다시 예전처럼 유충 방, 꽃가루, 꿀 순서로 질서 있게 배열하였다.

그러므로 벌집에 어떤 패턴이 입력되어 있어 벌들이 그에 따라 방향을 결정하는 것은 아님을 알 수 있다. 그보다는 스스로 조직되는 과정 속에 몇 가지 규칙이 특유의 배치 패턴을 가능케 한다고 보는 것이 타당할 것이다. 우선 여왕벌은 알들을 언제나 기존의 유충 근처에 놓는다. 또한 군락으로 유입되는 꽃꿀이 꽃가루보다 많고, 꿀 소비량도 꽃가루 소비량보다 많다. 따라서 꿀 '매상고' 는 꽃가루 '매상고' 보다 언제나 더 많다. 유충 방 근처의 꽃가루와 꿀들은 바깥쪽 방에 놓여 있는 것들보다 열 배는 빨리 소비되고 다시 채워진다. 이것은 그 기능 때문이다. 꽃가루는 제6장에서 살펴보았듯이 로열젤리를 생산하는 데 사용되고, 꿀은 제8장에서 살펴보겠지만 꿀벌 군락의 사회적인 자궁 안에서 부화열$^{\text{warming the brood}}$을 생산하는 데 사용된다. 그리고 마지막으로 꽃가루와 꿀을 채우고 소비하는 시간에 비해 유충들이 성장하는 시간이 길다는 것 역시 벌집의 배치 패턴을 결정하는 요인으로 작용한다. 알을 얼마나 많이 낳는가, 얼마나 많은 꿀을 생산하고 소비하는가, 얼마나 많은 꽃가루를 생산하는가 등은 벌집의 외관에 영향을 주지 못한다. 다만 이런 분배가 이루어지는 속도만이 중요하다.

벌집은 군락의 통신망$^{\text{communication network}}$이자 기억의 저장소이다. 밀랍으로 된 통신선$^{\text{telephone lins}}$은 신경계가 인체의 각 기관들 사이에서 정보를 전달하듯이 꿀벌들 간의 정보를 전달한다. 아울러 벌집은 화학에 기초한 데이터를 가지고 있는 기억의 저장소로서 꿀벌이 공간적으로 방향을 잡고 자신의 벌통을 식별하는 데 활용된다.

통신선

벌집 방의 위쪽 가장자리는 두툼하게 마감된다(사진 7.23). 꿀벌은 이런 두툼한 부분 위에서 이리저리 돌아다니는데, 이 부분은 어두운 벌집에서 꿀벌들 사이의 의사소통에 결정적인 역할을 한다. 너무 어두워 시각적인 신호가 투입될 수 없는 벌통에서 벌들의 대화에 중요한 역할을 하는 것은 벌집에 확산되는 미세한 진동이다.

칼 폰 프리슈는 70년 전에 이미 춤 언어에서 미세한 진동이 꿀벌의 의

사진 7.23 구멍에 둥지를 트는 꿀벌의 벌집 방은 매우 얇은 밀랍 벽으로 되어 있다. 하지만 벽의 안쪽 가장자리는 0.4밀리미터 정도의 두께로 두툼하게 만들어지는데, 이런 가장자리는 합쳐져 6각형의 그물코로 된 망을 이루며 벌집의 통신망 역할을 한다.

사소통에 중요한 역할을 할 것이라고 추측했다. 그리고 최근에 간단한 실험이 프리슈의 추측을 확인해 주었다. 꿀벌로 하여금 구조상으로 아주 약하고 진동이 쉽게 전달될 수 있는 빈방에서 춤을 추게 하면 뚜껑 덮인 방들, 즉 봉인된 표면에서 춤을 출 때보다 세 배 내지 네 배 많은 수집벌들이 춤이 지시하는 밀원을 방문하는 것으로 드러났다. 요컨대 통신선은 딱딱한 표면에서보다 빈방에서 더 잘 기능한다.

똑같은 춤을 서로 다른 바닥에서 출 때 효과 면에서 이렇게 차이가 나는 물리학적 원인은 민감한 진동 측정 기술, 즉 레이저 도플러 진동 측정기를 이용한 연구에서도 밝혀졌다. 이 기계는 진동에 기계를 직접 접촉시키지 않아도 춤꾼이 벌집에서 야기하는 상상할 수 없을 정도로 작은 진동까지 감지할 수 있다.

이런 꿀벌의 의사소통 연구에 따르면 식물의 줄기가 곤충들이 두드리는 신호를 전달하듯이 벌집이 단순히 진동만 전달하는 구간이 아니며, 벌집의 건축, 밀랍의 물리적·화학적 특성, 꿀벌의 집짓기와 의사소통 행동 사이의 복잡한 상호작용이 존재한다는 사실이 밝혀졌다.

노출된 곳에 벌집을 짓는 큰 꿀벌$^{Apis\ dorsata}$과 작은 꿀벌$^{Apis\ florea}$의 방은 여느 벌집의 방처럼 가장자리가 불룩하게 마감되어 있지 않다. 이렇게 노출된 곳에 벌집을 짓는 벌들은 벌집 주위로 수천 마리의 벌들이 몸을 연결하여 살아있는 자루를 만들고, 그곳에서 의사소통을 한다. 반면 구멍에 벌집을 짓는 벌들은 대부분의 일생을 벌집 위에서 보내며 여기서 벌집 방의 두툼한 가장자리는 의사소통의 핵심적인 역할을 담당한다. 얇은 방 벽 위에 놓여 있는 벌집 방 가장자리들은 6각형 코로 이루어진 그물을 이루며, 축구 골대의 그물코를 잡아당겼을 때 그물코의 거리가 좁혀지듯이 약간씩 움직임으로써 진동을 전달하기가 쉽다. 이러한 진동은 두툼한 방의 가장자리를 통해 벌집 전체에 전달된다. 이것은 종파도 아니고, 횡파도 아니다. 오히려 아주 빠르게 진행되는 변형에 가깝다. 이는 '벌집 웹comb-wide web'으로서 230헤르츠(초당 진동수)에서 270헤르츠 주파수대의 진동을 가장 잘 전달한다. 이런 주파수대에서 진폭은 더 연장된다. 여기서 한 가지 흥미로운 것은 방들이 비어 있거나 꿀로 채워져 있는 것은 별로 영향을 미치지 못한다는 것이다. 방에 뚜껑이 덮여 있을 때만 진동의 확산이 차단된다. 벌이 그런 뚜껑 덮인 방 위에서 춤을 추면 이 지역과 이웃한 빈 방들에서도 진동이 감지되지 않는다. 그러나 뚜껑 덮인 지역이 뚜껑 덮이지 않은 벌집 구역의 한가운데 섬처럼 있는 경우에는 진동이 섬을 우회하여 확산된다. 진동 주파수의 전달이 방의 상태, 즉 방이 가득 차 있거나 텅 비어 있는 것과 무관하다는 것은 매우 놀라워 벌집 구조에 대한 기술자들의 흥미를 자극한다. 벌집은 적은 재료를 사용하여 높은 안정성을 획득할 수 있는 정역학적 특징을 갖추었을 뿐만 아니라, 매우 유용한 역학적 특성을 가지고 있다고 하겠다. 꿀이 채워져 있어도 진동 신호가 전달되는 데에 영향을 끼치지 않는 현상은 벌집에서 진동 전달 시스템이 발달하도록 하는 토대를 제공했을 것이다. 벌집에서 가장 잘 전달되는 230~270헤르츠의 주파수대는 꼬리춤을 출 때 발생하는 짧은 진동 주파수와 일치한다(제4장 참고). 꿀벌은 벌집 건축의 미세한 부분까지 조절하여 벌집에 그들의 통신망을 구축함으로써 자신들의 통신 주파수를 가장 잘 전달하도록 하는 것이다. 건축 재료와 건축물의 특성, 꿀벌의 행동은 서로 완벽하게 맞아 떨어진다.

이에 근거하여 보다 깊이 있는 관찰이 필요한 다음 세 가지 질문을 하게 된다.

- 통신망을 조절하기 위해 꿀벌들은 어떤 조작 가능성을 가지고 있는가?
- 꿀벌의 통신망에서 개인적인 회선도 가능한가, 아니면 동시에 진행되는 의사소통은 서로를 방해하는가?
- 수만 마리의 벌들이 바쁘게 활동하는 것으로 인해 빚어지는 배경 소음은 통신망에서 어떻게 다루어지는가?

통신선의 조정

꿀벌의 통신망에 가장 크게 영향을 끼치는 요인은 온도다. 밀랍의 온도가 높아지면 진동 자극에 대한 역학적 저항이 줄어들어 진동 전달이 한결 쉬워진다. 그러나 온도가 섭씨 34도 이상을 넘어가면 진동 전달 시스템은 무너진다. 밀랍이 너무 유연해지면, 진동을 전달하기보다 오히려 모양이 일그러지기 때문이다. 아침 무렵에 무대의 가장자리 온도는 차갑지만 꿀벌 군락이 수집 활동을 시작하면서 한 시간 이내에 밀랍의 온도는 최적의 상태로 상승한다. 꿀벌은 온도 조절 능력으로 무대의 밀랍 온도를 적절히 조절한다.

그러나 날씨가 너무 더워 벌집 내부의 온도가 극단적으로 높아지면, 밀랍 온도를 조절하는 능력은 한계 상황에 다다른다. 그러면 벌들은 건축 산업 분야에서 이른바 복합화 공법이라 불리는 방법을 동원한다. 밀랍의

사진 7.24 꿀벌들은 역학적 이유에서 필요한 경우 방 가장자리를 프로폴리스로 보강한다.

온도가 더 이상 방 가장자리의 진동 조절변인$^{manipulated\ variable}$으로 기능하지 못하는 경우, 꿀벌들은 밀랍에 식물의 수지로 만든 프로폴리스를 섞는다(사진 7.24). 밀랍과 프로폴리스의 혼합 비율과 공간적 분배는 통신망을 정상적으로 회복시킨다.

이때 현미경으로 벌집을 관찰하면 벌들이 작은 프로폴리스 조각들을 밀랍과 섞어 반죽하는 모습을 볼 수 있다. 이리하여 벌집의 가장자리와 방 벽은 이 '복합재료^{composite}'로 이루어지게 된다. 이는 건축 기술자가 큰 부피의 콘크리트에 강도와 탄성을 높이고자 할 때, 액체 시멘트에 작은 철 조각을 섞는 것과 유사하다. 그러나 서식지의 기후 차이가 꿀벌의 벌집 건축에 영향을 끼칠 뿐 아니라, 양봉의 특정한 행동양식도 통신망에

사진 7.25 양봉가가 인위적으로 벌집의 사방에 나무 테두리를 두르면 '벌집 웹'의 수평변위 horizontal displacement가 불가능하여 의사소통에 장애가 발생한다. 따라서 춤을 이용한 의사소통이 필요한 벌집에서는 꿀벌들이 구멍을 뚫어 진동 신호의 전달을 가능케 한다.

장애를 가져온다. 양봉가들은 벌통을 쉽게 운반할 수 있도록 하기 위해 벌집에 나무 테두리를 댄다. 이렇게 벌집에 나무 테두리를 하면 그물코의 변위가 방 가장자리를 통해 더 이상 확산될 수 없다. 진동이 확장될 수 있는 여유 공간이 없기 때문이다. 춤을 추지 않는 벌집의 꿀벌들은 이를 결코 방해거리로 생각하지 않는다. 이런 벌집은 양봉가가 해 놓은 그대로 구멍 없는 상태를 유지한다. 그러나 춤을 추는 벌집의 경우 꿀벌들은 밀랍과 나무틀 사이에 구멍을 뚫어(사진 7.25) 신호 전달이 정상적으로 이루어질 수 있도록 한다.

07 벌집의 구조와 기능 ••• 223

사진 7.26 수집 활동이 한창인 시간에 사진 속의 하얗게 표시된 네 마리의 벌은 각자 춤을 추고 있다. 이 춤들이 가리키는 밀원은 동일한 곳이 아닌 경우도 종종 있다.

진동 커뮤니케이션의 사적 영역

벌집 방의 가장자리를 이용한 통신망은 미세한 진동을 벌집 구석구석으로 전달한다. 그런데 종종 그렇듯 춤이 동시에 진행되는 경우(사진 7.26) 의사소통의 장애가 초래되지 않을까?

각각의 장소에 얼마나 많은 벌들이 밀집해 있는가 하는 것이 그 문제를 해결해 준다. 벌집에 벌의 밀도가 낮아 벌이 서로 띄엄띄엄 앉아 있으면 그물코의 변위는 널리 확산된다. 하지만 벌들이 벌집에 득시글득시글하여 벌집이 벌의 무게로 하중을 받는 경우에는 봉인된 방과 똑같은 효과를 낸다. 즉 진동이 약화되어 몇 센티미터밖에 전진하지 못하므로 춤 신호가 확산되는 영역과 진동 메시지의 도달 거리는 의사소통 생물학적으로 필요한 만큼으로 한정된다.

소음 속의 미약한 신호

의사소통 신호는 일반적으로 주변 소음이나 '배경 잡음' 보다 크다. 그러나 꿀벌의 꼬리춤 진동 신호는 다르다. 동일한 벌집에 수많은 꿀벌들이 다양한 활동을 하기 때문에 끊임없이 배경 잡음이 만들어짐으로써 의사소통 신호를 가리는 것이다. 그렇다면 어떻게 그런 약한 진동 신호를 감지할 수 있을까?

전파천문학 분야에서는 멀리 떨어져 있는 안테나를 상호 연결하여 소음 속에서도 약한 신호를 감지한다. 이런 신호들을 비교함으로써 멀리 떨어져 있는 이른바 전파별$^{radio\ stars}$로부터 나오는 약하고 규칙적인 사건들을 감지할 수 있는 것이다.

벌들 역시 마찬가지다. 여섯 발을 이용하여 방 가장자리 그물과 접촉한다. 그리하여 꿀벌들은 전파천문학에서처럼 여섯 발의 진동을 감지하고 비교한다.

꿀벌이 이렇듯 벌집 방 가장자리 통신망의 서로 다른 접촉점에서 측정되는 진동을 비교하여 강한 배경 잡음에도 불구하고 눈에 띄는 패턴을 감지하는 것일까?

실제로 그런 현상이 관찰된다. 방 가장자리의 변위로서 벌집에 퍼지는

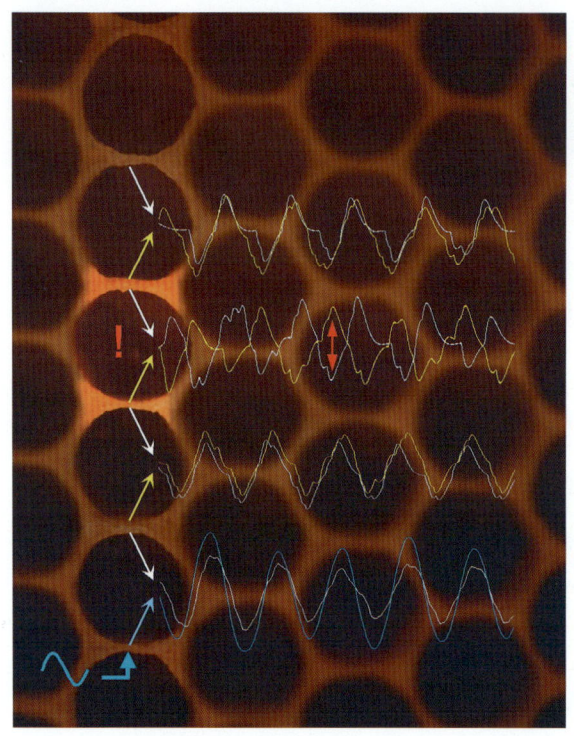

사진 7.27 방 가장자리의 수평변위로 인해 벌집으로 확산되는 진동은 벌집의 기하학적-물리학적 조건하에서 2차원적인 패턴을 이룬다. 이 패턴은 어둠 속에서도 메시지를 송신하는 벌의 위치를 알려준다. 한 곳에서 방 가장자리가 진동하면(파란색 화살표) 그 열 전체 방의 서로 마주 보는 가장자리들이 같은 박자로 움직이는데, 단 하나의 방만 엇박자로 진동한다(느낌표로 표시한 방). 메시지를 송신하는 벌은 한 군데뿐 아니라 여섯 개의 발로 여섯 곳에서 방 가장자리에 진동 자극을 주기 때문에 메시지를 송신하는 주변에 '진동하는 방'이 여럿 생겨난다.

진동은 방 가장자리를 눈에 띄게 규칙적이고 평면적으로 운동하게 만든다. 하나의 방 가장자리에 진동 자극이 주어지면, 일렬로 늘어선 모든 방의 서로 마주한 가장자리는 서로에 대해 동일하게 움직인다. 전체 열에서 단 한 개의 방만 서로 반대 방향으로 움직인다(사진 7.27). 그런데 춤으로써 메시지를 송신하는 벌이 진동의 송신자로서 여섯 개의 발로 방 가장자리에 하중을 주기 때문에 그 벌 주위에는 '진동하는 방$^{pulsating\,cells}$' 이 많이 생겨난다. 진동의 수신자로서 주위에 있는 벌들 역시 춤을 추는 벌과 마찬가지로 방 세 개의 넓이를 차지한 상태에서 방의 가장자리를 딛고 서서 메시지를 해독한다(사진 4.26 참고). 메시지를 수신하는 벌들은 그렇게 다리의 감각세포를 이용하여 어둠 속에서도 2차원적인 진동 패턴을 즉각적으로 감지할 수 있다. 이는 비디오 기록으로도 입증된 사실이다. 춤으로써 메시지를 송신하는 벌들이 몇 번에 걸쳐 춤을 춘 다음, 메시지를 수신하는 벌들이 뒤따라 춤에 가담하는 장면을 비디오로 기록하여 이를 뒤로 돌리면, 메시지를 수신하는 벌들이 어느 시점에서 춤을 추기 시작하는지, 또 어느 시점에서 메시지를 송신하는 벌의 위치를 감지하는지 등을 확인할 수 있다. 어떤 벌이 춤추는 벌과 그 벌이 있는 방향을 감지하면 그 벌 쪽으로 고개를 돌린다(사진 4.26 참고). 그러고 나서 춤추는 벌 쪽으로 몸을 돌려 나아가 벌을 만나면 곧장 꼬리춤에 가담한다. 물리학적 측정을 통한 '진동하는 방'의 위치와 어떤 벌이 메시지를 송신하는 벌을 언제 감지하는지 등을 보여주는 행동 분석 결과를 비교하면, 놀라운 일치가 드러난다. 즉 물리학적 측정에서 '진동하는 방'과 행동 관찰에서 '춤추는 벌을 감지한' 지점이 일치하는 것이다. 이런 관찰은 혼잡한 벌집 위에서 꿀벌들을 춤추는 벌에게 유도하는 2차원적인 진동 패턴이 있음을 추측케 한다. 그러나 나무 테두리가 둘린 벌집이나 벌이 무리 지어 있을 때, 다른 벌의 몸 위에서 춤을 추는 경우 멀리 떨어져 있는 벌들은 메시지를 수신할 수 없다.

사진 7.28 같은 벌통의 벌집이라도 지어진 지 얼마나 되었느냐에 따라(위쪽 : 오래된 밀랍, 아래쪽 : 새로운 밀랍), 그리고 이물질의 유입 정도에 따라 화학적으로 다를 수 있다. 오래된 벌집과 새로운 벌집은 색깔로도 쉽게 구분이 간다.

화학적 기억 저장소

밀랍으로 벌집이 만들어진 후 시간이 지나면서 밀랍의 화학적 구성 성분은 많이 변화한다. 밀랍에 함유된 긴 사슬의 탄화수소 성분이 우연한 사건을 통해 변화되고 밀랍 성분도 증발되기 때문이다. 벌들이 밀랍에 섞는 효소들 또한 밀랍의 구조를 변화시킨다. 게다가 시간이 흐르면서 유충의 껍데기와 배설물, 유입된 꽃가루 및 프로폴리스 등으로 '오염'이 발생한다(사진 7.28). 그리하여 처음에 화학적으로 '동질'이었던 벌집은 시간이 흐르면서 화학적으로 '알록달록한 조각 이불'이 된다.

꿀벌들은 더듬이에 있는 감각기관으로 밀랍의 아주 미세한 성분 차이도 감지할 수 있다. 이때 꿀벌은 밀랍을 더듬이로 만져볼 필요도 없이 밀랍의 냄새만으로도 충분히 차이를 분별한다.

밀랍은 꿀벌들에게 '역사가 깃든' 물질이다. 밀랍에 깃든 기억의 흔적은 꿀벌들에게 어두운 벌통 안에서 방향을 잡는 데 도움이 된다. 그리하여 꿀벌들은 꽃꿀과 꽃가루를 우선적으로 낡은 방에 쌓아 두며, 새로 지어진 방에는 잘 저장하지 않는다.

꿀벌의 표피는 다른 곤충과 마찬가지로 건조를 예방하기 위해 얇은 밀랍층으로 덮여 있다. 이런 얇은 밀랍층은 원칙적으로 벌집의 밀랍과 차이가 없다. 그도 그럴 것이 한때 꿀벌 표피의 밀랍층을 만들고 분비하는 데에만 사용되던 샘이 발달해서 요즘의 밀랍샘이 되었기 때문이다.

그런데 꿀벌 표피의 밀랍 구성 성분은 벌들마다 조금씩 다르다. 여기에는 유전적인 원인이 크게 작용한다. 친자매 벌의 밀랍은 엄마만 같고 아빠는 다른 자매 벌의 밀랍보다 더 비슷하다. 그러나 서식지 환경도 표피의 밀랍 구성 성분에 영향을 끼쳐서, 꿀벌의 신체 표면에 있는 밀랍층은 벌집의 밀랍과 그 구성 성분이 똑같아진다. 이런 방식으로 '군락 고유의 신분증명서'라 할 수 있는 꿀벌 군락의 전형적인 밀랍향이 탄생한다. 벌통 입구를 지키는 경비벌들은 밀랍향으로 자신의 벌통에 속한 벌들과 그렇지 않은 벌들을 분별하고, 낯선 벌의 출입을 막는다(사진 7.29).

그러나 경비벌의 이런 엄격한 검열에 융통성이 전혀 없는 것은 아니다. 낯선 벌이 경비벌에게 '돈가방', 즉 커다란 꿀방울이라도 넘겨주면 경비벌은 '위조 여권'을 못 본 척 눈감아 주고 그 벌을 벌통으로 들여보낸다 (사진 7.30).

사진 7.29 두 마리 경비벌이 전형적인 '경비병' 자세를 취한 채 바닥과 공중을 감시하고 있다.

    그러나 꿀벌들은 밀랍의 화학적 특성을 활용할 뿐 아니라, 메시지를 송신하는 벌들이 활동하는 무대에 화학적 표지를 붙이듯이 능동적으로 밀랍에 필요한 화학 신호를 붙이기도 한다.
    춤을 이용하여 메시지를 교환하는 무대는 총 넓이가 5평방미터 정도인 꿀벌 군락을 기준으로 '10센티미터×10센티미터' 크기의 광장이다. 새로운 밀원을 발견한 벌과 그러한 정보를 알고자 하는 벌들은 무대 위에

사진 7.30 검열을 받고 있는 벌(왼쪽)이 경비벌(오른쪽)에게 둥지 입구에서 '뇌물'로서 꽃꿀 방울을 주고 있다.

서 만난다. 그런데 이 무대를 그곳에서 떼어내 다른 곳으로 옮기고 그 자리를 여느 벌집 방들로 메꾸어 놓으면 어떻게 될까? 실험 결과, 무대에 화학적 표지가 있음을 추론할 수 있는 사건이 목격되었다. 즉 무대가 옮겨진 후, 새로운 밀원을 발견한 수집벌이 본래 무대가 있던 곳으로 찾아갔지만 춤을 추지 않았다. 대신에 옮겨진 무대를 찾아 벌집을 수색하기 시작하였고, 무대를 발견한 뒤에 비로소 그곳에서 춤을 추기 시작하였다. 이후 비행을 나갔다 돌아온 후에는 바로 새로운 장소의 무대로 향했다. 그러나 다음날 새로운 수집 활동을 시작하면 다시 예전에(무대를 옮기기 전에) 무대가 있던 장소를 찾아가 춤을 추었다.

이런 관찰은 무대의 향기가 밤 동안에 사용하지 않을 때에는 소멸되었다가 다음날 다시 화학적 표지가 형성된다는 주장을 뒷받침한다. 이런 표지의 화학적 세부 사항은 아직 알려지지 않은 상태다.

무균실

꿀벌처럼 서로 그렇게 계속 붙어서 삶을 영위하는 생물은 매우 드물다. 이런 상황은 초개체에게 상당한 건강상의 위험을 동반한다. 그 결과 질병 예방과 질병 대처를 위한 효과적인 방법이 개발되어 왔다. 벌집은 병균에 대한 최초의 방어선으로서 중요한 의미를 갖는다. 얇은 '프로폴리스 벽지'는 꿀벌 군락의 건강에 특별한 역할을 한다. 유충 방의 벽은 특히나 프로폴리스로 입혀진다. 프로폴리스는 항박테리아 및 항균작용을 함으로써 박테리아 감염이나 균 감염의 위험을 줄여준다. 꿀벌은 필요할 때마다 쓸 수 있도록 둥지 내부에 많은 양의 프로폴리스를 비축해 놓는다(사진 7.31). 쥐나 뾰족뒤쥐^{shrew}와 같은 커다란 동물이 벌통 내부로 침투하여 그곳에서 벌의 침 공격을 받고 죽을 경우, 벌들은 동물 시체를 벌통 밖으로 끌어낼 힘이 없다. 그리하여 동물 시체는 꿀벌 군락의 건강에 굉장한 위험으로 다가온다. 이 경우 꿀벌들은 시체에 완벽하게 프로폴리스를 입힘으로써 문제를 해결한다. 그렇게 만들어진 미라는 오랫동안 그 상태로 유지됨으로써 꿀벌 군락에 감염을 초래하지 않는다. 고대 이집트인들은 꿀벌의 이런 행동에 착안하여 시체를 보관하는 가장 간단한 방법을 고안했다.

사진 7.31 프로폴리스는 벌집의 다양한 부분에 저장된다.

미라를 최초로 만든 것은 꿀벌이었던 것이다.

벌집의 구멍

꿀벌들은 손수 집을 짓는다. 그러나 벌집이 들어갈 구멍까지 뚫지는 못한다. 벌집을 지을 구멍은 주변에서 찾아야 한다. 온대 기후 지역에서

사진 7.32 벌집을 지을 적당한 구멍을 발견한 정찰벌(흰색으로 표시된 벌)이 동료의 몸 위에서 꼬리춤을 춘다. 그런데 이 춤을 감지하고 춤에 가담하는 벌은 매우 적다. 한두 마리 정도의 벌이 춤에 동참할 뿐이다.

구멍이 뚫린 나무는 꿀벌들에게 좋은 은신처를 제공한다. 바위틈도 은신처로 삼기에 무난한 장소다. 문명이 발달한 지역에서는 구멍 난 나무를 찾기 어려워 사람이 마련해 준 인공적인 거처에 의존한다. 은신처가 없이는 겨울이나 여름의 악천후를 견디고 살아남을 수 없기 때문이다.

꿀벌 군락이 옛 거처를 떠날 때는 서둘러야 한다. 새 거처를 찾기 전에 꿀주머니를 가득 채운 비상식량이 떨어질 수도 있고 무방비 상태로 나무에 걸려 있다가는 언제 악천후가 닥칠지 모르기 때문에 꿀벌 군락은 200~300마리의 정찰벌을 보내 벌집을 지을 구멍을 찾는다. 괜찮은 구멍을 발견한 정찰벌은 벌집으로 돌아와 꿀벌의 무리 위에서 벌들의 몸을 무대 삼아 꼬리춤을 춘다(사진 7.32). 밀원의 위치를 발견했을 때처럼 춤 속에는 벌집 구멍의 방향과 거리가 암호화되어 있다.

그런데 이러한 방식으로는 메시지를 송신하는 벌과 가까이 있는 소수의 벌들만이 메시지를 수신할 수 있다. 벌의 몸 위에서 춤을 추면 전혀 진동이 확산되지 않고, 그로 인해 많은 벌들에게 메시지를 전달할 수 없기 때문이다. 그리하여 이해하기 어려운 상황이 연출된다. 새로운 밀원을 발견하여 수집벌을 편성할 때와 달리 군락 전체의 안위가 달린 문제인데, 오히려 춤 언어의 메시지를 수신하는 벌들이 적기 때문이다.

처음에는 여러 정찰벌이 발견한 다양한 후보지를 춤으로써 제안한다. 후보지는 보통 스무 곳 이상이다.

과연 이 논쟁은 어떻게 해결될까? 여왕벌이 한 마리이므로 새로운 거주지도 단 한 곳을 선택해야 한다. 이때 꿀벌 군락은 어떻게 거주지를 정할까?

썩 좋다고 말하기 어려운, 그럭저럭 참아줄 만큼의 구멍을 발견한 꿀벌은 차츰 소극적으로 행동하는 것이 관찰되었다. 가장 좋은 구멍을 발견한 벌만이 마지막까지 춤을 추게 되는데, 매력적이지 않은 구멍을 발견한 벌들은 차츰 자신이 발견한 구멍을 '선전'하는 일을 멈추고 매력적인 구멍을 '선전'하는 일에 합세한다.

벌집을 짓기에 가장 이상적인 구멍의 특성은 다음과 같다.

- 예전 거주지로부터 너무 가깝지도 않고 너무 멀지도 않은 위치
- 구멍이 지나치게 크지 않으면서도 향후 군락이 성장할 것을 감안한 크기
- 지면과 너무 가깝지 않은 높이
- 입구가 비행에 방해가 될 만큼 너무 적거나 안전을 위협할 만큼 너무 크지 않은 상태
- 습도가 높지 않은 건조한 실내
- 남향집처럼 햇빛을 충분히 받을 수 있는 방위
- 전에 거주하던 벌집의 존재 유무

벌집을 짓기에 적당한 구멍을 발견한 정찰벌은 주변을 느리게 비행하면서 구멍 내부까지 꼼꼼하게 살펴 문제가 없는지 점검한다. 이때 꿀벌들은 구멍의 벽을 따라 50미터 이상 걸어 들어가서 조사한다. 그 어느 곳도 무심코 지나치는 법이 없다. 벽의 상태가 어떤지 점검하고, 구멍의 부피도 가늠한다.

분봉에 참여한 2만 마리 벌이 새로운 거주지를 찾아 이사하는 것은 결코 쉬운 일이 아니다(사진 7.33). 따라서 성공적인 분봉을 위해 일련의 의

사진 7.33 정찰벌들이 커다란 나무에서 벌집을 지을 구멍을 발견하였다.

사소통 메커니즘을 실행한다. 즉 벌집 구멍을 제일 먼저 발견한 벌은 소규모(서서히 증가하는) '선발대'를 편성하여 새로운 벌집 구멍을 안내하고 주변 지역을 소개한다. 이상적인 '선발대'의 규모는 전체 무리의 5퍼센트 정도다. 이들은 종종 전체 군락의 무리와 벌집 구멍 사이를 오가며 계속 벌 떼 위에서 춤을 춘다. 그리고 나서 구멍의 입구에서 눈에 띄게 윙윙거리며 주위를 맴돌고, 복부의 나사노프샘으로부터 페로몬을 분비하여 입구를 표시한다. 이런 행동은 경험이 적은 수집벌을 밀원으로 유인하는

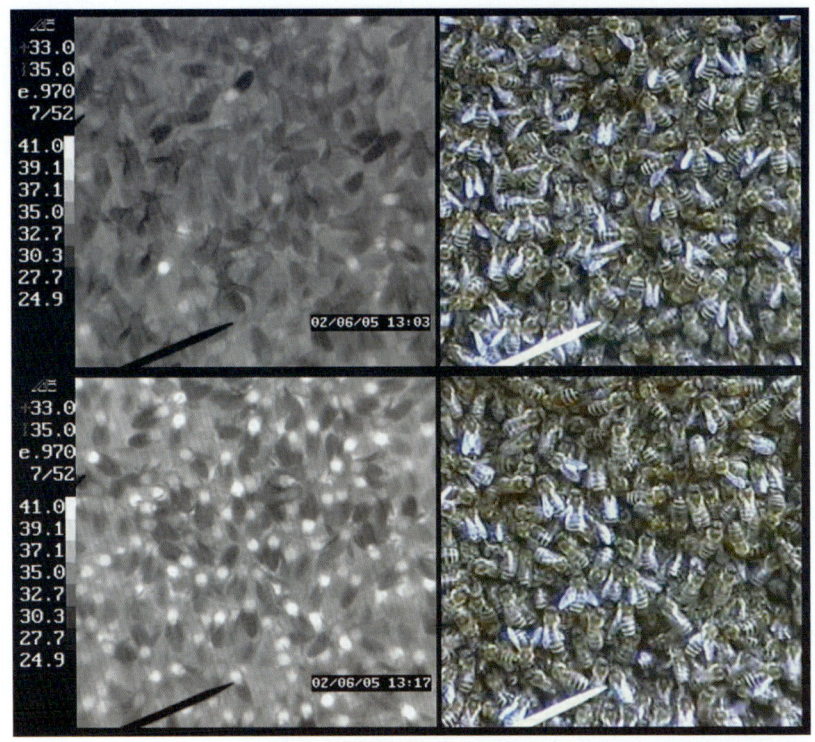

사진 7.34 분봉의 무리가 폭발하기 15분 전(위쪽)과 1분 전(아래쪽)의 열적외선 사진(왼쪽)과 일반 사진(오른쪽)이다. 일반 사진에서는 차이가 없지만, 열적외선 사진에서는 신호를 수신한 벌들의 체온이 올라가는 모습을 보여준다. 왼쪽의 눈금에서 벌의 체온을 알 수 있다. 사진 속의 바늘은 특정한 벌을 확인하는 데 도움을 준다.

경험 많은 수집벌의 행동과 유사하다(제4장 참고).

벌집 구멍을 발견한 정찰벌이 진동을 멀리까지 전달하기 어려운 무대, 즉 꿀벌들의 몸을 무대 삼아 춤을 추기 때문에 가까운 곳에 있는 일부 벌을 제외하고는 대부분의 벌들이 전혀 그러한 사실을 알지 못한다. 그렇다면 분봉에 참여하는 꿀벌의 무리가 어떻게 새로운 벌집 구멍을 똑바로 찾아갈 수 있을까?

메시지를 송신하는 벌들은 점차 춤을 추는 행동을 멈추고, 벌 떼 안으로 들어간다. 그리고 복잡한 3차원 경로를 따라 벌들을 헤치고 나아가며, 가능한 한 많은 자매들에게 신호를 보낸다. 즉 비행근육을 활용하여 높은 음을 냄으로써 그 소리의 진동을 주위에 있는 벌들에게 전달하는 것이다. 신호를 수신한 벌들은 체온을 올리기 시작하고, 10분 내에 전체 꿀벌 군락은 점차 '달아오르는 모습'을 보여준다(사진 7.34).

전체 분봉의 무리가 약 35도에 달하면 모든 벌이 일제히 공중으로 날아오르며 문자 그대로 폭발을 하는 것처럼 보인다. 그렇게 날아오르는 벌 떼는 2~3미터 직경의 윙윙거리는 커다란 공을 이루고, 목적지를 아는 '안내벌'들은 출발지와 목적지를 연결하는 축 안에서 이 '공'을 스쳐 직선으로 빠르게 비행하며 전진과 후퇴를 반복한다. 이어 윙윙거리는 꿀벌의 공은 서서히 길쭉한 대열로 바뀌고, 새 주소를 아는 벌의 안내를 받아 새로운 벌집 구멍을 향해 나아가기 시작한다. 구멍의 입구는 이미 정찰벌들이 나사노프샘의 페로몬으로 화학적인 표시를 해놓은 상태다.

새로운 벌집 구멍에 도착하면 분봉의 무리는 곧장 밀랍을 생산하기 시작한다. 또한 입으로 구멍 벽에 있는 거추장스러운 나무 조각 같은 것을 제거하여 구멍 내부 벽을 매끈하게 만든다. 그것이 여의치 않을 경우에는 벽에 프로폴리스를 바른다. 바람이 스며드는 부분도 프로폴리스로 메꾼다. 이런 예비 작업이 끝나면 새로운 벌집 건축이 시작된다.

그렇게 새로운 불멸성이 시작된다.

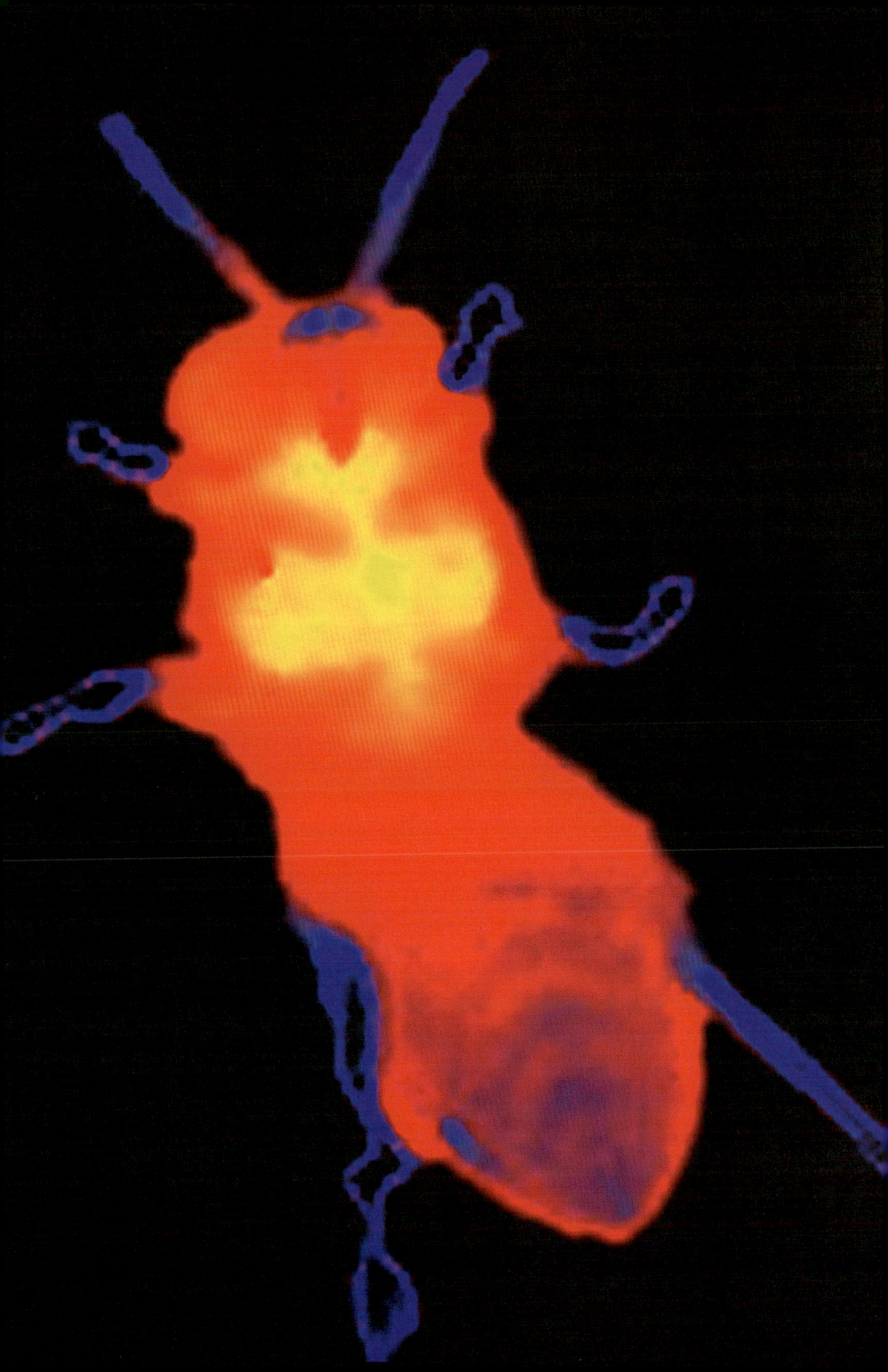

08 부화되는 지혜

유충 방의 온도는 유충의 미래를 결정한다.
꿀벌은 유충을 앞으로 어떤 벌로 키울 것인지를 결정함으로써
환경을 조절할 수 있는 것이다.

모든 유기체들은 우연한 환경에 맞닥뜨리게 된다. 양서류는 가뭄에 고통을 받고, 조류는 먹이 부족에 시달리며, 나비들도 추위에 시달린다. 몸을 자유롭게 움직일 수 있는 능력은 대부분의 동물들로 하여금 불리한 조건을 피하여 더 유리한 상황을 찾아갈 수 있도록 한다. 그리하여 양서류는 땅 밑으로 몸을 파묻고, 조류는 서식지를 바꾸며, 심지어 철새는 대륙을 횡단하기도 한다. 그리고 나비는 햇빛이 잘 드는 장소를 찾아간다. 이렇듯 동물들은 자연환경이 제공하는 것 가운데 가장 유리한 해결책을 찾는다. 유리한 해결책을 찾을 수 없을 경우에는 그런 환경에 적응하는 새로운 종이 탄생하거나 완전히 멸종해 버리고 만다.

그러나 환경은 유기체에게 이용을 당하거나 유기체를 이용하는 단순

한 팔레트인 것만은 아니다. 환경은 유기체에 의해 만들어지기도 한다. 지렁이는 땅속에서 먹이를 먹거나 땅을 파는 습성으로 인해 그들이 살아가는 배양토를 만들고, 나뭇잎들은 그늘을 이용하여 새로 돋는 잎에 적당한 기후를 만들어주며, 수생동물은 자신의 배설물로 작은 연못의 산 함량을 조절한다. 이런 환경이 생물에게 다시금 영향을 끼치는 경우도 있다. 즉 피드백이 뒤따르는 것이다. 피드백이 부정적인 경우도 많다. 비근한 예로 작은 연못이 그 안에 사는 동물들로 인해 산성화되고, 산성화로 인해 다시금 동물들이 죽게 되기도 한다.

그러나 생물들이 의도적으로 환경을 자신에게 유리하게 조절할 수 있다면, 그리고 그 환경이 그러한 생물에게 목적지향적이고 긍정적인 영향을 발휘할 수 있다면 어떻게 될까? 그것은 '환경, 유기체, 적응'이란 게임에 완전히 새로운 성격을 가져오지 않을까?

그리고 유기체가 만든 환경이 다시금 유기체의 특성을 규정한다면 어떨까? 그러면 원인과 결과, 그리고 고전적인 환경-유기체-모델의 경계가 모호해지는 시스템이 탄생하는 것은 아닐까?

진화적 시공간에서 생각하면 생물에 의해 능동적으로 형상화된 환경이 자신 속에서 살아가는 생물의 특성에 영향을 끼칠 때, 그 환경은 환경을 만들어낸 생물의 유전자와 하나의 발전 단위로 결합할 것이다.

그리고 그런 생물들은 살아남기 위해, 또 번식하기 위해 노예처럼 환경에 끌려다니지 않게 될 것이다.

인간은 주어진 환경으로부터 독립적인 길을 걸었다. 꿀벌도 마찬가지다. 꿀벌의 경우 어쩌면 인간보다 더 철저하게 그 길을 걸었다. 인간은 주거 공간의 기후를 점점 더 세련되게 조절함으로써 자신의 주변 환경을 만들어 나가고 주어진 자연으로부터 독립하였다. 그러나 인간이 이렇듯 주거 공간과 노동 공간의 기온을 조절함과 동시에 이미 존재하는 필요에만 부응하는 '기분 좋은 환경'을 만들고 있는지, 아니면 조절된 환경을 통해 조만간 스스로를 변화시킬 수 있는지는 불확실하다.

군락을 이루는 꿀벌들은 3천만 년에 걸쳐 진화해 오는 과정에서 인간이 아직 보여주지 못했던 일을 해냈다. 즉 자신의 유익을 위해 환경을 능동적으로 만들어 온 것이다.

우리는 벌과 그들이 조절한 환경 사이에 매우 복잡하고 많은 피드백과 상호작용을 점차 이해하기 시작했다. 가장 최근의 인식에 따르면 무엇보다 유충 방의 온도가 꿀벌의 생물학 전반에 걸쳐 가장 중요하다는 사실이 드러났다.

뜨거운 벌

꿀벌의 유충 방(사진 8.1)은 꿀벌의 거주 공간에서 가장 중요하고 민감하며, 꿀벌들에 의해 놀라울 정도로 정확히 조절되는 부분이다. 특히 뚜껑 덮인 번데기 방은 그 온도가 매우 정확하게 조절된다.

양봉가는 오래전부터 꿀벌 유충 방의 온도가 손으로 만져서 확연히 느껴질 정도로 따뜻하다는 것을 잘 알고 있었다. 그래서 한동안은 유충이 열을 내고, 다 자란 성충이 몸을 녹이고자 그곳에 몸을 대고 있다고 믿었다. 그러나 이런 생각은 틀린 것으로 드러났고, 벌집의 기후와 그 생물학적인 의미에 대한 훨씬 더 흥미로운 인식이 대두되었다. 꿀벌과 꿀벌 군

사진 8.1 군락의 새 식구가 된 꿀벌의 유충은 유모벌의 개인적인 보살핌을 받으며 애벌레에서 번데기를 거쳐 성충으로 성장한다.

락에 관한 세심한 조작과 끈기 있는 관찰, 그리고 열적외선 카메라가 새로운 통찰을 허락하였는데, 이런 통찰이 어디까지 영향력을 미치는지는 아직 알 수 없는 상태다.

 일반적으로 동물들은 지방이나 탄수화물 등을 연소하거나 이빨을 덜덜거리는 등 근육을 떪으로써 열을 생산한다. 꿀벌도 비행근육을 떪으로써 몸을 덥힌다. 비행근육은 비행에만 이용되는 것이 아니라 이미 제4장에서도 살펴보았듯이 꼬리춤을 통한 의사소통 과정에서 진동을 만들어내기도 한다. 열을 낼 때 만들어지는 진동은 상대적으로 조금 약한데, 꿀벌들은 비행근육과 더불어 작은 날개 조종 근육을 노련하게 가속시킴으로써 에너지를 발생시킨다. 이들 근육은 시간적으로 서로 아주 정확하게

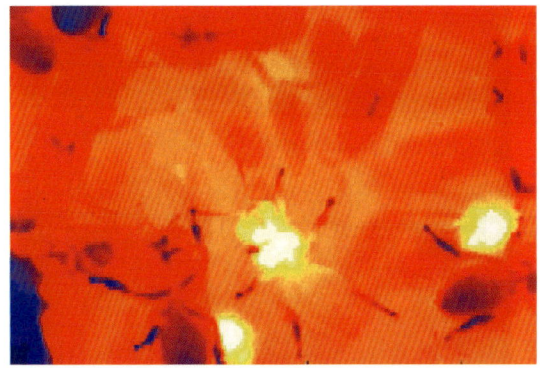

사진 8.2 열적외선 카메라로 난방벌의 체온을 측정한 사진에서 파란색은 낮은 온도를, 노란색은 높은 온도를 의미한다. '역류원리 crosscurrent principle'가 열이 배 쪽으로 손실되는 것을 막아준다. 그리하여 튼튼한 비행근육이 떨림으로써 열을 발생시키는 가슴 부분만 높은 온도를 유지한다.

협연하여 춤추는 벌이 비행근육으로 만들어내는 강한 진동 신호보다 훨씬 약한 진동을 발생시킨다. 이렇게 떨면서 만들어낸 열은 열적외선 사진으로 확인할 수 있다(사진 8.2).

꿀벌을 포함한 여러 곤충들은 비행근육을 공회전하면서 근육의 떨림을 통해 비행근육을 가열하는 능력을 가지고 있다. 이것은 비행을 위한 생리학적 준비 작업이다. 군락을 이루기 이전의 꿀벌 선조들도 이런 능력을 가지고 있었을 것이다. 그리하여 이런 능력은 군락을 이루는 과정 가운데 꿀벌에게 소위 선적응 능력으로 주어져 있었을 것이다. 이런 유전적 특성은 꿀벌들로 하여금 오늘날과 같은 삶에 이르게 했던 가장 중요한 생리학적 전제 조건의 하나였다.

비행 직전에 있는 동물들을 열적외선 카메라로 촬영하면 비슷한 현상을 볼 수 있다. 밤나비들은 차가운 밤공기를 거슬러 비행을 하기 전에 비행근육을 예열시킨다. 비행을 준비하는 꿀벌도 비행근육을 예열시키는 것을 볼 수 있다. 그러므로 난방벌의 믿기지 않는 난방 능력은 비행을 위한 예열 기능에서 연유하는 듯하다.

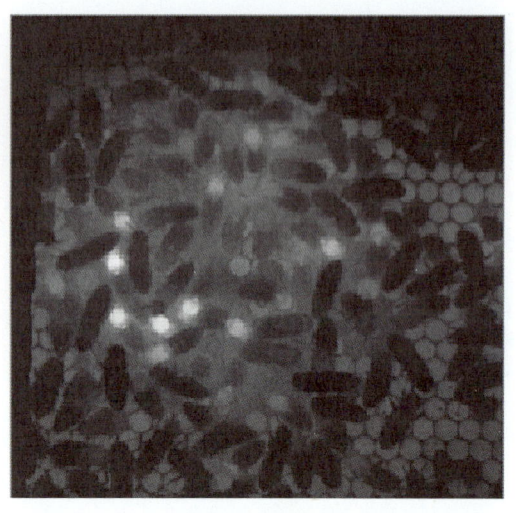

사진 8.3 꿀벌의 뜨거운 가슴 부분이 하얀색으로 표시된 체열 사진 thermographic images 에서 유충 방의 뚜껑 덮인 부분에서만 '뜨거운' 벌이 발견되었다. 사진상으로 방의 가장자리가 선명하게 보이는 뚜껑 덮이지 않는 구역에서는 난방벌을 찾아볼 수 없다.

유충 방에 열적외선 카메라를 들이대면, 유독 뚜껑이 덮여 있는 유충 방에서만 가슴 부분에서 열을 뿜는 '뜨거운' 벌이 있음을 확인할 수 있다(사진 8.3).

이런 벌은 뚜껑 아래에 있는 번데기에게 열을 전달한다. 이것을 효율적으로 하기 위해 그들은 가슴 부분을 그 아래에 있는 방 뚜껑에 밀착시킨다. 그리하여 난방벌은 난방을 하지 않는 벌과 달리 몸을 바닥쪽으로 바짝 낮추고 있는 것을 볼 수 있다(사진 8.4). 이들은 전혀 미동도 하지 않고 최대 30분 정도 이 자세를 유지할 수 있다. 죽은 것이 아닌가 싶을 정도다. 더듬이조차 움직이지 않고 더듬이를 계속 앞에 있는 유충 방의 뚜껑에 대고 있다. 더듬이 끝에는 열에 아주 민감한 감각 세포들이 밀집되어 있으므로 계속하여 번데기 방의 밀랍 뚜껑의 온도를 재고 있는 듯하다.

언뜻 보고 이런 벌들을 쉬거나 잠을 자고 있으며 심지어 죽은 것이라고 생각한다면 착각한 것이다. 지금 난방벌은 젖 먹던 힘까지 발휘하고

사진 8.4 사진 가운데 한 난방벌이 전형적인 난방 자세를 취하고 있다. 방 뚜껑에 완전히 밀착한 상태로 날개는 모으고, 더듬이 끝은 계속 방 뚜껑에 대고 있다. 주변이 아무리 번잡해도 그 자세로 최대 30분까지 미동조차 하지 않고 앉아 있을 수 있다.

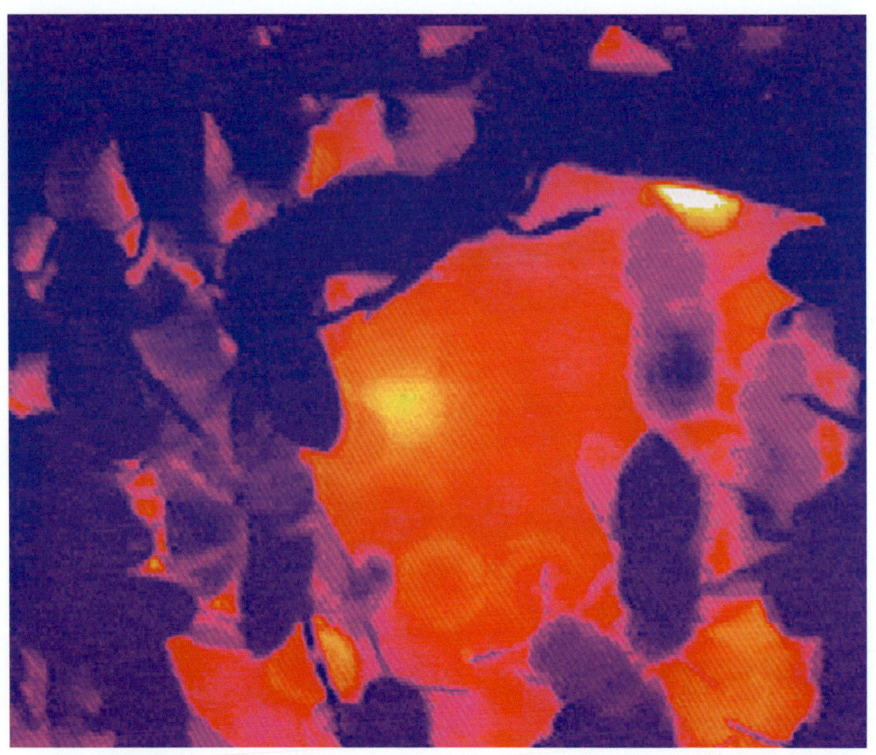

사진 8.5 이미 한동안 방 뚜껑에 밀착해 있던 난방벌을 옆으로 밀어낸 후 열적외선 카메라가 확인한 꿀벌의 뜨거운 점hot spot이다. 사진 가운데 노란 점이 꿀벌이 방 뚜껑 위에서 가슴 부분을 밀착시켰던 지점이다.

있는 중이다. 난방을 하는 일은 매우 힘든 비행에 필적할 정도로 에너지가 많이 드는 활동이다.

체온을 거의 섭씨 43도 이상으로 높여 최대 30분 정도 난방을 한 벌은 완전히 지쳐서 이 일을 중단한다. 난방벌이 난방을 끝내고 밀랍 뚜껑 위를 떠나면, 열 공급을 받은 번데기 방의 밀랍 뚜껑은 한동안 달아오른 상태를 유지한다(사진 8.5).

난방벌은 이러한 난방 기법으로 한 번에 (꿀벌의 가슴 크기와 맞먹는) 번데기 방 뚜껑 하나씩을 가열할 수 있다.

뜨거운 꿀벌 가슴으로 한 번에 방 뚜껑 하나씩에 열을 전달하는 이런 난방 기법과 관련하여 난방 엔지니어는 열효율 면에서 미심쩍은 생각을 하게 된다. 뜨거운 벌은 난방이 필요한 아래 번데기 방만이 아니라 사방으로 열을 발산한다. 그리하여 고치 방에 전달되는 열보다 사방으로 잃는 열이 더 많아진다. 난방 기법상으로 이것은 창문이 깨어진 호텔방에 창문을 고치지 않고 난방만 세게 돌리는 것과 비슷하다.

하지만 뚜껑 덮인 유충 방 구역에서 벌의 활동을 정확히 관찰하면, 열 손실을 되도록 줄이려는 벌의 노력을 엿볼 수 있다(사진 8.6, 8.7). 직접적으로 체온을 올리지 않지만, 아주 빽빽하게 붙어 있는 벌들이 열이 밖으로 발산되지 않도록 차단하면서 단열에 중요한 역할을 하는 것이다.

벌들의 탁월한 난방 기법 아이디어들은 이것이 전부가 아니다. 벌들의 난방 전략을 계속해서 주목하면, 세련되고 효율적인 난방 전략에 놀라게 된다.

꿀벌의 인큐베이터

유충 구역은 언제나 벌집의 중앙으로부터 시작되어, 여왕벌의 산란 작업이 진행되면서 점차 사방으로 확대된다. 그리고 유충들이 적시에 방해받지 않고 번데기가 될 수 있도록 마지막 유충기에 일벌들은 밀랍으로 뚜껑을 만들어 방을 덮는다. 그러나 넓은 구역이 완전히 뚜껑으로 덮이는 일은 없다. 건강한 꿀벌 군락에서 완벽하게 봉인된 유충 구역에서조차 비

사진 8.6 뚜껑이 덮여 있는 유충 구역에 꿀벌이 무리 지어 있다. 난방벌은 열을 직접적으로 전달하기 위해 벌집 바닥에 몸을 낮추고 있으며(흰 점으로 표시된 네 마리 벌, 사진 8.7 참고), 난방벌이 아닌 벌들은 이른바 단열층을 형성하듯 열이 밖으로 새어나가지 않도록 난방벌을 둘러싸고 있다.

사진 8.7 사진 8.6에서 표시된 구역을 확대한 사진이다. 난방벌이 가슴 부분을 유충 방의 뚜껑에 밀착시켜 열을 전달하고 있다.

어 있는 방들이 드문드문 산재한다. 건강한 군락의 유충 구역에는 보통 5~10퍼센트의 방들이 비어 있다. 빈방의 비율은 외부 기후에 따라 높아지거나 낮아질 수 있다.

비어 있는 유충 방은 유충의 성장 단계와 상관없이 언제나 존재한다(사진 8.7). 뚜껑 덮인 유충 방 구역에서 빈방의 비율이 20퍼센트를 웃돌 때도 있지만, 이것은 대부분 예외적인 상황 때문이다. 가령 수벌 유충이 너무 많을 때에는 일벌들이 이 유충을 벌집 밖으로 내다버린다.

유충 구역의 빈방들은 여왕벌이 유충 구역에 알을 낳은 직후에도 존재한다(사진 8.8). 유충이 알에서 깨어난 후에도 마찬가지이며(사진 8.9) 뚜껑 덮인 유충 구역에도 빈방들이 있다(사진 8.10).

그러나 비어 있는 것처럼 보이는 방들이 정말로 비어 있는 경우는 드물다. 일벌들이 머리를 아래로 한 채 방에 몸을 쏙 들이밀고 있기 때문이다(사진 8.11).

기술적인 도움 없이 무심코 보면 일벌이 유충 방에 들어가 무엇을 하는지 전혀 알 수 없다. 그래서 오랫동안 방을 청소하거나 방에서 휴식을 취한다고 추측해 왔다.

겉에서 보면 유충 방에 들어가 있는 일벌의 몸 뒷부분밖에 보이지 않는다. 그런데 오랫동안 일벌의 몸통을 자세히 지켜보고 있노라면 일벌이 몸 뒷부분을 계속하여 빠르게 앞뒤로 움직이다가, 간혹 미동조차 없이 긴 휴식을 취하는 것을 볼 수 있다. 유충 구역 전체적으로 보면 몸 뒷부분을 빠르게 움직이는 모습을 휴식하고 있는 모습보다 더 자주 목격할 수 있다. 일벌이 유충 방 속에서 도대체 무엇을 하고 있는지, 그들이 서로 다른 활동을 하고 있는지 궁금증을 풀기 위해서는 그 방을 옆에서 조심스럽게

사진 8.8 여왕벌이 모든 방에 빠짐없이 알을 낳는 것은 아니다. 알을 낳은 방이 있는 구역에 군데군데 알을 낳지 않은 방이 산재한다.

사진 8.9 애벌레가 알에서 깨어나 성장하기 시작하면 빈방들이 눈에 더 잘 띈다.

사진 8.10 뚜껑이 덮여 있는 유충 구역의 빈방 비율은 일반적으로 5~10퍼센트 정도다. 이것은 번데기를 따뜻하게 하기 위한 이상적인 비율이다.

사진 8.11 뚜껑이 덮여 있는 유충 구역에서 세 마리의 일벌이 빈방에 거꾸로 들어가 있다.

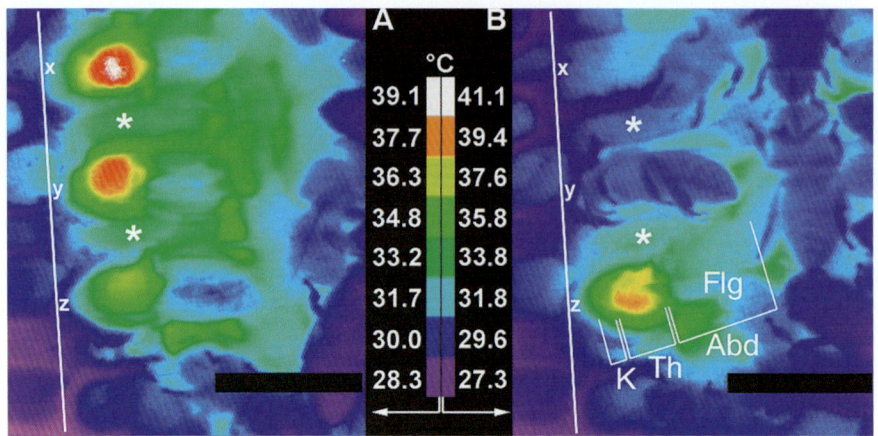

사진 8.12 뚜껑이 덮여 있는 구역을 찍은 체열 사진이다. 서로 다른 온도로 체온을 높인 네 마리의 난방벌과 주변 온도와 별다르지 않은 한 마리의 쉬고 있는 벌(파란색; 오른쪽 사진의 y라고 표시된 벌)이 빈방을 점유하고 있다. x, y, z는 벌들이 들어가 있는 여섯 방의 바닥을 표시한다. 별은 네 개의 번데기 위치이며, Abd는 배, Flg는 날개, K는 머리, Th는 벌의 가슴을 가리킨다. 눈금은 체열 사진의 온도를 말해준다.

열어보아야 한다. 그러면 일벌이 번데기 상태였을 때처럼 다리째 완전히 방에 처박고 있는 모습을 볼 수 있다. 단 번데기였을 때에는 머리를 위로 향하고 있었지만 지금은 머리를 아래로 향하고 있는 점이 다르다. 뒷몸으로 펌프질 운동을 하고 있음에도 불구하고 벌들은 완전히 휴식 상태에 있는 것처럼 보인다. 그러나 체열감지카메라로 사진을 찍어 보면 이렇게 유충 방에 들어가 있는 일벌 간에 온도 차이가 크다는 사실을 확인할 수 있다(사진 8.12).

격렬하게 펌프질 운동을 하고 있는 벌의 가슴 부분 온도는 섭씨 43도까지 치솟는다. 반면에 펌프질을 드물게 하는 벌은 주변의 온도와 별반 차이가 없다. 그러므로 방에 쏙 들어간 벌들이 '휴식'을 취하고 있다는 해석은 이런 소수의 온도가 낮은 벌들에게만 적용되는 해석이다. 그 외

나머지 모든 벌들은 몸을 덥히고 있다. 이런 행동양식은 명백히 두 번째 난방 전략에 해당하며, 이 전략이 뚜껑 표면에 몸을 밀착시키고 있는 것보다 훨씬 더 에너지를 절약하는 기법임을 추측할 수 있다.

난방벌이 빈방에 들어가기 전에 체온을 측정하면 단순히 체온이 높은 벌들이 빈방으로 들어가는 것이 아니라, 난방벌이 방에 들어가기 전의 준비 작업으로 체온을 높이기 위해 노력하는 것을 볼 수 있다. 난방벌의 체온은 처음에 다른 벌들과 마찬가지로 벌통의 공기와 같은 온도다. 하지만 그들은 벌통에서 뛰어다니면서 가슴 부분의 온도를 높이고, 충분히 높은 온도가 되어서야 비로소 방에 들어간다. 3분에서 최대 30분 후 벌들은 몸이 식은 상태로 다시금 방을 떠난다. 방에 체류하는 시간은 쉽게 확인할 수 있다. 계속적으로 체온을 높게 유지하는 것은 굉장한 에너지를 필요로 한다. 그리하여 최대 반 시간 후에 벌의 에너지 저장고는 모두 바닥이 난다.

그러나 난방벌이 빈방에서 머무는 시간 내내 최고의 난방 능력을 발휘하는 것은 아니다. 계속 최대 5분까지 휴식이 끼어들고, 이때 난방벌의 체온은 최대 섭씨 5도까지 떨어졌다가 다시 올라간다. 특정 온도를 유지해야 하는 자동 조절 시스템에서도 그와 같은 메커니즘을 볼 수 있다. 난방을 적정 온도로 설정한 경우 희망 온도를 넘어가면 난방이 억제되고, 온도가 너무 떨어지면 난방이 다시 작동된다. 이와 같은 행동은 '유충 방 온도 조절'이라는 사회생리학적 자동 조절 시스템의 일환이라고 할 수 있다(제10장 참고).

난방벌의 일령을 살펴보면—꿀벌 일생의 다른 많은 활동과 달리—특별한 일령대의 벌들이 난방벌로 활동하는 것은 아니다. 가장 어리게는 일령 3일의 벌도 난방벌로 활동하며, 가장 많게는 일령 27일의 벌도 난방벌로 활동한다.

달콤한 키스

꿀벌들은 난방에 필요한 에너지를 꿀에서 얻는다. 튼튼한 꿀벌 종족은 여름이 지나면서 최대 300킬로그램의 꿀을 생산한다. 그리하여 꿀벌 군락에는 언제나 꿀이 있다. 꿀의 수요가 높기 때문이다. 꿀은 꿀벌의 생명을 유지시켜 주는 고전적인 의미의 영양원이 아니다. 꿀의 대부분은 여름 동안 유충 방을 덥히고, 추운 계절에 꿀벌 무리를 따뜻하게 하는 데 사용된다. 따라서 꿀벌 군락에 저장된 꿀은 일반적인 의미에서의 먹이가 아니라 연료라고도 할 수 있다. 이와 관련하여 몇 가지 데이터를 살펴보자.

- 꽃꿀로 가득 찬 수집벌의 꿀주머니 에너지 함유량은 500줄^{Joule} 정도다.
- 수집벌이 1킬로미터를 비행하는 데 소비하는 에너지는 약 6.5줄이며, 평균적인 수집 비행에서 10줄 정도를 소비한다. 따라서 꿀벌은 수집 비행에 사용하는 에너지의 50배를 벌통으로 운반하는 셈이다.
- 수집벌 한 마리는 일생 동안 약 50킬로줄의 에너지를 벌통으로 운반한다.
- 여름철에 통틀어 몇십만 마리가 동원되는 수집벌 무리는 몇백만 번의 수집 비행에서 약 3~4백만 킬로줄의 에너지를 벌통으로 운

반한다.
- 1밀리그램의 꿀에는 당과 결합된 12줄의 화학 에너지가 함유되어 있다. 그러므로 1킬로그램의 꿀이 연소되면 1만 2천 킬로줄의 에너지를 생성할 수 있다.
- 여름철에 가슴 난방을 40도가량으로 유지하려면 1초당 65밀리줄이 소비된다.
- 40도 정도로 30분 동안 난방을 하면 약 120줄이 연소되는데, 이 에너지는 무엇보다 혈액림프^{hemolymph}의 당에서 얻어진다.
- 여름철에 소비되는 총 에너지의 2/3가 넘는 약 2백만 킬로줄이 유충 방을 난방하는 데 사용된다.
- 유충 방의 온도 조절을 위해 만들어지는 열에너지는 20와트의 연속 출력에 해당한다. 이런 에너지를 전구에 넣으면 어두운 벌통을 족히 밝힐 수 있을 정도다.
- 겨울철에 군락의 온도를 조절하기 위해서는 2백만 줄의 에너지가 소비된다. 벌들이 여름철에 수집해 놓은 에너지의 나머지 1/5은 다른 모든 활동에 에너지원으로 제공된다.

일반적으로 꿀은 난방을 하는 유충 방에서 가장 멀리 떨어진 벌집의 가장자리에 저장된다. 그러므로 무엇보다 날씨가 추울 때에는 난방벌이 꿀 연료를 채우기 위해 먼 길을 왕복하느라 난방 활동이 장시간 중단되지 않도록 '주유벌'이 직접 난방벌을 찾아간다. 주유벌은 '뜨거운 벌'을 찾아 '달콤한 키스'를 선사하는 방식으로 꿀을 재충전해 준다. 직접적으로 입과 입을 통해 꽃꿀이나 꿀을 전달하는 이러한 행동양식을 영양 교

사진 8.13 지친 난방벌(위)이 양질의 꿀을 제공하는 주유벌(아래)의 영양 교환을 통해 에너지를 충전하고 있다.

환^{trophallaxis}이라고 부른다(사진 8.13).

주유벌은 어두운 벌통 속에서 난방벌의 남은 체열을 감지하여 에너지를 다 사용한 난방벌을 찾아낸다. 더듬이에 있는 민감한 온도 감각세포들 덕분이다. 주유벌이 전달하는 영양분의 질을 연구한 결과, 그 영양분은 벌집에 대량으로 존재하는 꽃꿀이나 덜 농축된 꿀이 아니라 최고의 에너

사진 8.14 주유벌들이 에너지를 다 사용한 난방벌에게 새로운 에너지원을 제공하기 위해 꿀 방의 뚜껑을 제거하고 있다.

지를 함유한 고농축 꿀이라는 사실이 밝혀졌다.

    주유벌은 뚜껑이 덮여 있지 않은 꿀 방에서 꿀을 충전하거나 뚜껑이 덮여 있는 꿀 방에서 뚜껑을 제거하고 꿀을 충전한다(사진 8.14). 그리고 나서 에너지를 필요로 하는 난방벌을 찾아 나선다. 유충 방의 기온이 올라가면서 이런 활동은 더욱 증가한다. 이런 현상은 생물학적으로 의미가 있다.

사진 8.15 유충 방의 빈방들 가운데 일부는 꽃꿀로 가득 채워진 임시 탱크로 사용되기도 한다.

일반적으로 유충 구역의 높은 기온은 많은 난방벌의 활동으로 말미암고, 이런 난방벌은 일이 끝나면 에너지에 굶주리게 되기 때문이다.

간혹 난방벌이 유충 구역에서 어느 정도 꿀을 자급자족하는 경우도 있다. 뚜껑이 덮인 유충 구역의 빈방들이 임시 창고로 이용되어 종종 꽃꿀로 채워지는 경우도 있기 때문이다(사진 8.15). 단 채워진 꽃꿀은 빠른 시간에 소비되고 방은 다시 비게 된다. 이런 방들은 에너지에 굶주린 벌들에게 가까운 주유소로 활용되는 듯하다. 그러나 주유벌이 입에서 입으로 전달하는 꿀처럼 양질의 에너지를 제공하지는 못한다.

빈방과 꽃꿀로 가득 채워진 임시 탱크, 주유벌의 비율은 주변 온도에 따라 달라진다. 주변 기온이 장기간 낮은 상태를 유지하면 난방이 더 많이 이루어지도록 빈방의 수가 많아지고, 일시적으로 기온이 상승하면 빈

사진 8.16 유충 구역에 임시 꿀 탱크가 마련되면 난방벌들이 즐겨 이용한다. 이런 임시 탱크는 단기간에 걸쳐 꿀이 아닌 묽은 꽃꿀로 채워진다.

방 중 임시 창고로 활용되는 방들이 생겨난다(사진 8.16).

한편 난방벌이 아닌 꿀벌들도 유충 방 위에서 '벌 탑'을 쌓아 단열 효과를 냄으로써 기온 조절에 도움을 주기도 한다.

이런 단열 효과는 내부의 열 손실을 막아줄 뿐 아니라 외부로부터의 더위를 막는 데도 일조한다.

번데기 상태에 있는 유충에게 최적의 기온을 선사하기 위해 꿀벌들은 벌집을 가열할 수 있어야 할 뿐 아니라 더위를 식힐 수도 있어야 한다. 중부 유럽에서는 벌집을 식히는 일이 거의 필요하지 않다. 하지만 짧은 기간이라도 더위가 들이닥쳐 민감한 유충들에게 피해를 입힐 수도 있다.

벌집을 식히는 일은 인간의 에어컨 원리와 동일하게 이루어진다. 즉 증발열을 이용하는 것이다.

더운 날이면 특화된 일벌들이 습기 있는 지하나 야외의 물가에서 냉방을 위해 물을 모은다(사진 8.17).

사진 8.17 벌통 안이 너무 더우면 물을 모으는 벌들이 물을 벌통으로 운반하여 작은 방울 모양으로 벌통에 떨어뜨리거나 얇은 필름 모양으로 벌통 안에 바른다.

사진 8.18 물을 운반하는 벌들이 물을 벌통 안에 발라놓으면, 부채질하는 벌들이 부채질을 시작한다. 그렇게 생겨난 공기의 흐름은 물을 증발시켜 벌통 안의 기온을 떨어뜨린다.

그리고 물을 벌집 안으로 운반하여 방 가장자리나 방 뚜껑 위에 얇게 바른다. 그러고 나면 꿀벌 연구가 마틴 린다우어$^{Matin\ Lindauer}$(1918~)가 50년 전에 이미 알아냈듯이 부채질하는 벌들이 날개로 부채질을 시작한다(사진 8.18). 이런 '제자리 비행'은 공기의 흐름을 만들어내어 물을 증발시키고 벌집의 온도를 낮춘다. 이때 공기의 흐름은 벌집에 앉아 있는 벌이나 벌집 입구에 있는 벌들이 만들어낸다.

벌집에 특히 환기가 많이 필요할 때면 부채질하는 벌들이 적절한 공간에 배치되어 각자의 작은 힘을 모아 공기역학적으로 커다란 과업을 수행한다(사진 8.19).

공간적으로 아주 작은 지역을 포괄하는 유충 방의 난방 조절 변인은 난방벌의 체온과 난방벌이 빈방에서 보내는 시간이다. 이들 두 변인은 각각 빈방의 주변이 어떤 상태인지에 따라 달라진다.

빈방은 최소한 1개 이상의 뚜껑 달린 번데기 방과 붙어 있을 때라야 난방에 이용된다. 하나의 번데기 방과 이웃해 있는 경우, 난방벌의 평균 체온은 33도다. 빈방 하나와 이웃해 있을 수 있는 방은 최대 6개인데, 이 6개의 방이 모두 번데기 방일 경우, 난방벌은 난방 온도를 41도까지 높인다. 이웃한 번데기 방의 수가 2개에서 5개인 경우 난방 온도는 그 중간 정도로 조정된다.

빈방에 꿀벌이 들어가 있는 시간도 마찬가지로 빈방 주변의 상태와 관련된다. 5~6개의 뚜껑이 덮여 있는 번데기 방과 이웃한 빈방은 주어진 시간 내내, 100퍼센트 난방벌이 들어가 있다. 난방벌이 에너지를 다 써서 방을 떠나면 곧장 다른 벌이 그 방으로 들어간다.

하지만 1개의 뚜껑 덮인 번데기 방과 이웃한 빈방은 점유율이 10퍼센

사진 8.19 환기가 많이 필요한 경우는 환기를 담당하는 벌들이 벌통 앞에 열을 지어 오래되었거나 너무 덥거나 이산화탄소가 너무 많이 함유된 공기를 벌통 밖으로 빼내고 신선한 공기를 유입시킨다.

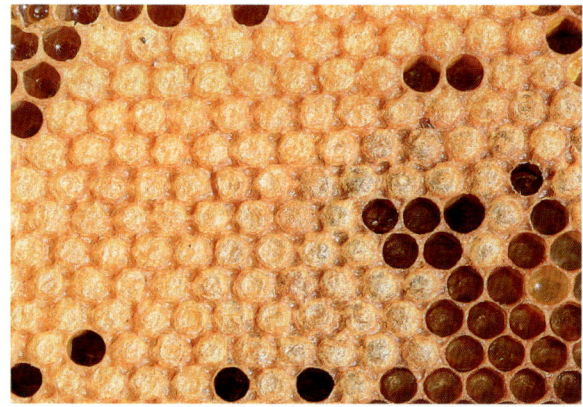

사진 8.20 유충 방의 빈방에 꿀벌이 들어가 있는 시간은 그 빈방이 얼마나 많은 번데기 방과 이웃하고 있는가에 따라 달라진다. 직접적으로 이웃한 번데기 방이 많을수록 빈방에 난방벌이 들어가 있는 시간도 늘어난다.

트에 지나지 않는다. 세 개의 뚜껑 덮인 번데기 방과 이웃해 있는 경우에는 관찰 시간의 70퍼센트가 난방벌에 의해 점유된다(사진 8.20).

구워지는 자매들

꽃꿀에 함유되어 있는 당 화합물에서 벌꿀로 유입된 에너지의 대부분은 열로 전환된다(꿀벌들은 벌꿀을 생산하기 위해 매우 빛나는 과업을 수행한다)(사진 8.21). 이것은 에너지 전환이나 운송 과정에서 일어나는 물리학적으로 불가피한 에너지 손실 때문이 아니라, 벌꿀이 열에너지를 내기 위한 연료로 쓰이기 때문이다.

꿀벌 생물학이 마치 그것을 위해 전력투구하는 것처럼 보이는 이런 엄청난 에너지 소비는 무엇을 위한 것일까?

꿀벌이 유충의 방을 그렇게 따뜻하게 난방을 하는 이유에 대해 다음 두 가지 가설이 존재한다.

사진 8.21 흔히 꽃을 꿀벌의 먹이라고 하고, 꽃꿀을 모으는 것을 먹이를 수집한다고 말한다. 그러나 정확히 말하면 꽃들은 꿀벌의 에너지 저장소이고 꽃꿀을 모으는 것은 에너지원을 확보하는 것이다. 그렇게 보면 벌집에서 꿀을 생산하는 것은 원료를 정제하는 과정이라고 할 수 있다.

- 첫 번째 가설은 유충 방의 온도를 높임으로써 이른 봄에 꿀벌을 더 빨리 우화시켜 경쟁 관계에 있는 군락에 비해 일찍 피는 꽃의 생산물을 더 빨리 이용한다는 것이다. 이 가설에 따르면 유충의 온도가 더 높을수록 유충의 성장 기간은 더 짧아지고, 이로써 군락의 규모도 더 빠르게 확대된다. 하지만 우화 시즌에는 꿀벌 군락에 끊임없이 젊은 벌이 꾸준히 생산되고 보충되기 때문에, 각 벌의 성장 기간이 며칠 더 길어지거나 짧아지는 것은 별로 상관이 없다. 유충 방의 온도가 섭씨 32도만 되어도 우화에는 아무런 문제가 없다. 그러므로 섭씨 32도로 난방을 하면 35도 정도로 난방을 하는 것에 비해 엄청난 에너지를 절약할 수 있을 텐데 왜 유충 방의 온도를 그렇게 올리는 것일까?

여왕벌의 발달 기간은 매우 짧다. 여왕벌 유충은 번데기가 되어 약 5일이면 부화한다. 반면에 일벌은 번데기가 된 후 10일에서 13일 사이에 부화를 한다. 그렇다면 왕대의 온도가 일벌 유충 방의 온도보다 훨씬 더 높을까? 전혀 그렇지 않다. 측정 결과 여왕벌 번데기의 온도는 섭씨 35도 정도인 것으로 나타났다. 여왕벌 번데기를 이런 온도로 데우기 위해 난방벌은 왕대를 촘촘히 둘러싼다.

번데기의 온도가 높을수록 성장 기간이 짧아지는 것은 생화학적인 이유에서 모든 곤충들에게 나타나는 현상이다. 그러나 위에서 설명했듯이 그렇다고 이런 요인이 진화 과정에서 꿀벌로 하여금 번데기 방을 난방하는 능력을 발달시켰던 견인차가 되었던 것 같지는 않다.

- 꿀벌들, 특히 온대 기후 지역에 분포하는 꿀벌이 난방 능력을 가지

고 있는 이유를 설명하는 두 번째 가설은 첫 번째보다 훨씬 설득력이 있다. 두 번째 가설에서는 꿀벌이 원래 열대 지방에서 태어나 유충 방 온도를 그 정도로 유지하는 가운데 진화를 이루었기 때문에 온대 기후 지역으로 이주하는 과정에서 겨울철 추위에 대비하여 난방 능력으로 무장한 선적응의 결과라고 주장한다. 그래서 겨울에 무리 지어 있는 벌 떼의 가장자리 온도도 섭씨 10도 아래로 떨어지지 않는다. 온도가 섭씨 10도 이하로 떨어지면 꿀벌들은 움직임이 불가능하다. 이런 안전장치 덕분에 연초에 일찌감치 새로운 우화가 시작될 수 있는 것이다.

그러나 두 번째 가설에서는 그렇다면 어찌하여 열대에서 이미 번데기 단계의 유충 방 온도가 그 정도로 유지되었는가 하는 질문에 대답하지 못한다. 열대에서 번데기 온도를 이상적으로 조절하려면 난방보다는 냉방에 힘써야 했을 것이다. 뜨거운 기후대에 서식하는 열대 꿀벌들은 연료를 그렇게 많이 저장할 필요가 없다. 즉 꿀을 적게 생산하고 적게 저장해도 되는 것이다.

꿀벌 군락에서 이루어지는 사회적 난방 활동이 어디에 유용한 것일까 하는 대답은 서로 다른 온도에서 번데기 단계를 보낸 후 우화한 꿀벌의 특성을 연구함으로써 밝혀졌다.

우선 번데기 온도를 조작하는 실험을 하기 전에 자연 그대로의 유충 방에서 난방벌들이 번데기를 열처리하는 동안, 번데기의 온도 변화가 어떻게 진행되는지 확인할 필요가 있었다.

번데기들에게는 아무런 해가 없도록 뚜껑 덮인 번데기 방 속에 장착한 예민한 온도 감지 장치는 세 가지 흥미로운 통찰을 가능케 해주었다.

- 자연적인 유충 방에서의 번데기들의 온도는 매우 일정하게 유지되지만, 대부분의 경우 평균치를 중심으로 약간의 변동을 보인다. 변동은 아주 느리게 진행되어 최고 온도에서 최저 온도에 이르기까지 30분에서 한 시간 정도 걸린다. 그리고 변동의 폭은 섭씨 1.0도 정도이다.
- 관찰된 각각의 번데기의 시간에 따른 평균 온도는 일정하다.
- 서로 다른 번데기는 섭씨 33도에서 36도 사이에서 평균 온도가 몇 도씩 차이가 난다.
- 온도가 서서히 변동하는 동안, 온도 변화의 방향(상승 방향이냐 혹은 하강 방향이냐)은 모든 번데기에게 똑같지 않다. 유충 방 각각의 온도가 유충 구역이 하나로 연결되어 있는 것처럼 전체적으로 변동한다면 변화의 방향은 같을 것이다. 그러나 서로 옆방에 있는 고치라도 하나는 온도가 상승하고, 하나는 하강할 수 있다.

이런 세 가지 발견을 요약하여 정리하면 난방벌들은 일벌 번데기들(사진 8.22)에게 각각 '개인적인' 열처리를 가한다고 할 수 있다.

이렇듯 서로 다른 열처리가 탄생하는 꿀벌들에게 어떤 영향을 미칠까?

일벌의 경우 고치 단계에 소요되는 시간이 약 9일, 수벌의 경우 10일, 여왕벌의 경우 약 6일이 걸린다. 이 기간에 벌은 유충에서 꿀벌로 변신하는데, 변태 과정에서 성충벌의 본질적인 특징들이 확정된다. 언뜻 보면 꿀벌은 다른 곤충과 별로 다르지 않다. 꿀벌의 신체 구조와 기능은 전형

사진 8.22 번데기들이 방 안에서 등을 바닥 쪽으로 하고 질서정연하게 누워 있다.

적인 곤충의 특징을 지니며, 각각 특별한 생태적 지위에 적응한 다른 곤충들과 기본 설계도에서 별 차이가 없다.

하지만 초개체의 꿀벌들 고유의 특징을 찾는다면 제일 먼저 유연성을 꼽을 수 있다. 일벌들은 일생 동안 나이에 따라 차례차례 다양한 활동을 수행한다. 오래전부터 알려진 일벌의 '고전적인 직업들'을 자연적인 꿀벌 군락에서 등장하는 순서에 따라 열거하면 방 청소하기, 유충 방 뚜껑 덮기, 유충 돌보기, 여왕벌 수행하기, 수집벌로부터 꽃꿀 넘겨받기, 꿀 만들기, 커다란 오염물 제거하기, 꽃가루 다져 넣기, 벌집 짓기, 공기 환기시키기, 경비벌로서 활동하기, 수집벌로서 활동하기 등이다. 정밀기기를 동원하여 각각의 벌을 연구하는 마이크로 생태학은 일벌의 직업 목록을 계속하여 확대해 나가고 있다. 그리하여 최근에는 난방벌과 난방벌들에게

사진 8.23 꿀벌 군락에서 관찰되는 모든 꿀벌은 원칙적으로 모든 직업을 수행할 수 있다. 그러나 어떤 직업을 수행하는 빈도와 능력의 정도는 각각 매우 상이하다. 꿀을 농축시키기 위해, 물을 증발시켜 둥지의 온도를 낮추기 위해, 이산화탄소 농도가 너무 높아 공기의 교환이 필요할 때 등 벌집에 환기가 필요할 때면 부채질하는 벌들이 투입된다.

사진 8.24 꽃가루 수집에 특화된 벌들이 꽃가루를 모은다. 꽃가루와 꽃꿀을 모두 모으는 벌은 수집벌의 약 5퍼센트에 불과하다.

사진 8.25 경비벌은 자신의 벌통에 속해 있는 벌이 아닌 낯선 벌이나 침입자들이 벌집에 들어오지 못하도록 지키는 일을 한다. 어쩌다 잘못해서 낯선 벌을 들여보냈을 경우 벌집 깊숙이까지 낯선 벌을 따라간다.

사진 8.26 벌집을 지을 때 건축벌들은 자신의 몸을 연결하여 살아있는 사슬을 만든다. 이런 행동의 의미는 아직 밝혀지지 않았다.

에너지를 공급하는 주유벌도 직업 목록에 포함되었다(사진 8.23-8.26).

꿀벌의 다양한 직업은 다양한 행동을 의미한다. 그리고 행동은 신경계에서 좌우된다. 꿀벌의 신경계는 변화의 능력을 가지는 것이 확실하다. 특히 눈에 띄는 특이한 것은 꿀벌에게서 유충 호르몬이 나이가 들면서 더 많이 분비된다는 사실이다. 이름에서 알 수 있듯이 유충 호르몬은 보통 어린 곤충에게서 가장 많이 분비되고 성충에게는 줄어드는 호르몬이다. 그러나 꿀벌의 경우 유충 호르몬의 분비가 나이가 들수록 증가하므로 나이가 들수록 영리해지며, 바깥을 비행하는 늙은 벌들이 벌집 안에 상주하는 젊은 벌보다 더 학습능력이 뛰어난 것이 틀림없다. 생물학적으로 이것은 커다란 중요성을 갖는다. 꿀벌 군락은 연장자들을 적대적인 세상 속으로 내보내는데, 이는 벌집 밖에서의 과제들은 벌집 내부의 과제보다 더 위험하고 까다롭기 때문이다.

그러나 어쨌든 간에 한 마리의 벌이 열거된 활동들을 모두 수행할 수는 없다. 여왕벌을 호위하거나 벌집의 좁은 입구를 지키는 벌은 아주 소수로 충분하다. 각각의 활동과 관련하여 한 마리의 벌은 그 활동에 자주 참여하거나 혹은 드물게 참여할 수도 있다. 한 가지 활동을 얼마나 자주 수행하는가를 결정하는 것은 꿀벌이 해당 행동을 유발하는 자극에 얼마나 민감한가에 달려 있다. 자극에 아주 민감한 경우 꿀벌은 약한 자극만 주어져도 활동을 개시하게 될 것이고, 자극에 둔감한 경우 아주 강한 자극이 주어질 때만, 즉 아주 드물게 활동을 할 것이다(제10장 참고).

각각의 벌이 다양한 활동을 수행하는 빈도수를 표로 작성할 수 있다. 현재 어떤 벌이 어떤 활동을 하는지는 꿀벌의 나이와 사회적 반경에 많이 좌우된다. 물론 다른 생물들처럼 꿀벌의 경우에도 유전적 요인이 중요하게 작용한다. 그러나 꿀벌의 직업에 유전자보다 더 큰 영향력을 행사하는 것은 번데기가 성충으로 발달할 때의 온도이다. 벌집의 온도를 조절하는 것은 난방벌이고, 난방벌의 행동은 다시금 성장 조건 및 유전적 요인에 의해 결정되므로, 여기서 초개체 꿀벌 군락이 구체적인 필요에 놀랍게 적응하도록 하는 환경과 유전자의 매우 복잡한 상호 연관성을 엿볼 수 있다.

꿀벌의 번데기를 자연 상태의 벌집에서처럼 다양한 온도 속에서 인공적으로 사육하면, 꿀벌의 직업 활동 빈도가 사육 온도에 달려 있다는 것을 입증할 수 있다. 상대적으로 온도가 낮은 곳에서 양육된 꿀벌이 담당하는 활동과 온도가 높은 곳에서 양육된 꿀벌이 주로 담당하는 활동은 다르다. 연구 결과, 꿀벌 군락의 먹이 수집 성패를 가르는 의사소통 과정에서 춤 언어를 구사하여 메시지를 전달하는 벌은 가장 높은 온도인 섭씨 36도 정도에서 양육된 벌이라는 사실이 드러났다. 요컨대 따뜻한 양육 환경에서 자란 꿀벌들은 차가운 양육 환경에서 자란 꿀벌들보다 학습능력 및 기억력이 더 뛰어나다.

번데기의 사육 온도는 꿀벌의 수명에도 영향을 미친다. 수집벌의 수명은 보통 4주 정도다. 그리하여 양봉가들은 이들을 여름벌이라고 부른다. 하지만 겨울을 난 후 이듬해 봄에 수집벌로 활동하는 꿀벌들, 즉 겨울벌은 최대 12개월까지 살 수 있다. 이와 관련하여 대체로 따뜻한 양육 환경에서 자란 꿀벌이 수명이 긴 겨울벌이 될 확률이 더 높은 것으로 나타났다.

유충에서 번데기를 거쳐 성충으로 변신하는 데 온도가 중요하다는 사실 자체는 그리 놀라운 것이 아니다. 이런 사실은 다른 곤충들을 대상으로 한 수많은 실험에서도 확인된 바 있다. 그러나 특별한 것은 어떤 온도에서 자매들을 키울 것인지 꿀벌들 스스로가 선택할 수 있다는 것이다. 여기에서 환경과 유전자가 생물의 특성을 결정한다는 오랜 생물학적 지혜가 확인될 뿐만 아니라, 꿀벌들이 놀랍게도 환경과 유전자라는 두 가지 변인 간의 직접적인 피드백 가능성을 발견했음을 알 수 있다.

09 꿀은 피보다 진하다

꿀벌 군락의 가까운 친척 관계는 군락 형성의 원인이 아닌 결과이다.

현재 살아있는 것들의 세계에서 가장 고차원적 조직과 복잡성을 보여주는 꿀벌 조직의 탄생은 생명 진화에서 이미 예상되었던 걸음이었다(제1장 참고). 그러나 전제가 충족되지 않은 상태에서 이론적 기대만으로는 실제적 결과로 이어지지 못한다. 그리하여 초개체로의 진화론적 대도약은 이런 생명 형태의 탄생을 뒷받침했던 '기술적 전제'의 우연한 등장과 맞물렸다. 비유적으로 표현하자면 공중을 날 수 있기 전에 인간은 오랫동안 이론적으로 그것을 바랐고 상상했다. 하지만 진짜로 날 수 있었던 것은 비행기를 제조할 수 있는 부품들이 존재하게 된 다음이었다.

그렇다면 군락을 이루는 꿀벌의 탄생으로 이어졌던 '기술적' 전제는 과연 무엇이었을까? 초개체를 배출하지 않은 잠자리나 빈대, 딱정벌레에게는 해당되지 않는 어떤 것이 꿀벌들에게 해당된다는 말인가?

위대한 진화생물학자 찰스 다윈$^{Charles\ Darwin}$(1809~1882)은 군락을 이루는 꿀벌들을 결코 필연적으로 생성된 존재로 보지 않았으며, 반대로 꿀벌이 자신의 진화론 전체를 곤궁으로 몰아갈 수도 있다고 보았다. 다윈에 따르면 진화의 가장 우선적인 전제는 자손의 수가 종이 존속하고 남을 정도로 많아야 한다는 것이다. 수적으로 많고 다양한 자손이 있을 때에야 비로소 진화의 다음 걸음인 선택이 따를 수 있다. 그리하여 다윈은 하나의 예외인 여왕벌만 빼면 종족의 전 암컷이 자손을 생산하지 못하는 꿀벌들을 아주 당혹스럽게 생각했고, 자신의 저서『종의 기원$^{The\ origin\ of\ species}$』에서 꿀벌의 일벌들은 자신의 이론을 적용하기 매우 어려운 존재라고 썼다. 일벌들은 행동과 형태에서 번식 가능한 수컷(수벌)이나 암컷(여왕벌)과 뚜렷이 구분된다. 그러나 생식능력이 없으므로 이런 특성들은 도무지 전수될 수가 없다. 하지만 이런 특성들은 틀림없이 전수되지 않는가…… 그렇다면 어떻게 그렇게 할 수 있는 걸까?

다윈은 숙고 끝에 이런 골치 아픈 문제를 해결할 수 있는 영리한 해답을 제시하였다. 선택이 개체가 아닌, 전체로서의 군락에 적용된다고 보면 앞서 말한 문제들은 그리 문제가 되지 않는다. 그러면 자손의 수를 놓고 경쟁하는 것은 개개의 벌들이 아니라 완전한 군락들이다. 그리하여 꿀벌 개체가 아닌 군락이 진화의 단위가 된다.

현대 진화생물학은 군락을 완결된 단위로 취급하는 진화론적 표상을 집단 선택이라고 부른다.

다윈은 꿀벌 군락을 서로 연결된 존재(많은 몸을 가진 하나의 포유동물)로서 '총체적으로' 파악할 줄 알았던 듯하다. 따라서 이러한 초개체는 다른 초개체들과 일반적으로 각각의 유기체처럼 경쟁해야 한다.

다윈 이후에도 어째서 꿀벌과 그의 친척들, 즉 뒝벌, 말벌, 개미의 경우 각각의 일벌이나 일개미가 군락의 다른 일벌이나 일개미와 자손의 수를 두고 경쟁하는 일을 포기했을까에 대해 논란이 분분했다. 자신의 자손을 포기하는 것은 막 자신의 관심사를 완전히 포기하는 것으로, 가능하면 많은 자손에 대한 경쟁을 포기하는 것으로 다가온다.

그런데 놀랍게도 꿀벌에게 있어서 자신의 자손을 포기하는 것이 곧 자신의 유전자를 확산시키기 위한 성공적인 조치였다.

꿀벌의 친척 관계

이런 특이한 상황은 영국의 생물학자 윌리엄 해밀턴$^{\text{William D. Hamilton}}$(1936~2000)이 대중화시켰던 아주 우아한 개념을 살펴보면 더 잘 이해할 수 있다.

해밀턴 이론의 핵심은 다음과 같다. 유기체의 상동 염색체 위에 같은 자리에 위치한(이배체 생물의 경우 두 조각씩), 같은 특징을 발현시키는 유전자를 대립유전자^{allele}라고 부른다. 대립유전자는 다양한 형태로 발현될 수 있고, 그럼으로써 유전자의 다양성을 위한 토대를 이룰 수 있다. 대립유전자는 직접 부모로부터 자식에게로 전수될 뿐 아니라 친남매들과 그 자식들, 사촌, 숙부, 숙모에게도 대립유전자의 복제품들이 존재한다. 어떤 개체에 같은 대립유전자가 있을 확률은 친척 관계가 더 멀수록 적어진다.

그런데 대립유전자를 개체군 내에 많이 확산시키려 함에 있어 누가 그 유전자를 보유할 것인가는 전혀 상관없는 일이다. 따라서 자손을 만들고 키우는 데 친척끼리 서로 돕는 행동은 도움을 베푸는 자와 그의 대립유전자에도 유익이 된다. 설사 자신의 자손을 포기하는 한이 있어도 말이다. 자신의 대립유전자가 그만큼 친척 가운데 많이 나타난다면 이런 포기는 손해가 아니다.

영국의 생물학자 존 메이너드 스미스$^{John\ Maynard\ Smith}$(1920~2004)와 윌리엄 해밀턴이 친척 간인 생물들 무리 속에서 대립유전자가 어떻게 확산되는가를 주목하는 가운데 주창한 '혈연선택$^{kin\ selection}$' 이론은 동물들이 때로 협동적이고, 심지어 매우 '이타적인' 행동을 하는 이유를 알려준다. 그리고 꿀벌들이 진화하면서 '외톨박이'에서 사회적 생물로 옮겨간 현상을 적절하게 설명해 준다.

서로 복잡한 가지로 얽혀 있는 친척 망에서 성공적으로 확산된 대립유전자들은 열등한 대립유전자의 희생을 바탕으로 '이기적으로' 존재한다. 대립유전자들이 이기적으로 행동하며 스스로에 대한 많은 복제품을 세계 속에서 확산시키는 데만 혈안이 되어 있다는 시각은 많은 반향을 불러일으킨, 영국의 생물학자 리처드 도킨스$^{Richard\ Dawkins}$(1941~)의 저서 『이기적 유전자$^{The\ selfish\ gene}$』에 자세히 설명되어 있다. 자신의 복제품을 많이 만들 수 있는 대립유전자들은 경쟁에서 패한 대립유전자의 희생을 바탕으로 성공한다. 그리하여 관찰자의 눈에는 유전자가 마치 이기적으로 행동하는 것처럼 보인다.

이제 대립유전자들의 확산 욕구라는 관점에서 꿀벌들을 관찰해 보자. 꿀벌들은 군락을 이루지 않는 많은 종을 포함한 모든 막시류와 마찬가지로 자손의 성을 정하기 위한 특정 메커니즘을 보여준다. 수정되지 않은 알에서 태어나는 벌들은 염색체 세트를 한 개만 가지고 있다. 즉 반수체이다. 수정된 알에서 태어나는 벌들은 염색체 세트를 두 개 가지고 있는 이배체이다. 꿀벌들은 성을 결정하기 위해 단 하나의 유전자를 가지고 있고, 이 유전자는 다양한 대립유전자 속에서 등장할 수 있다. 모든 반수체 개체처럼(그들은 단 하나의 대립유전자를 갖는다.), 어떤 꿀벌의 유전자가 동형접합체^{homozygote}(동일한 대립유전자를 가진 개체)라면 수컷 유기체가 탄생한다. 그리고 어떤 꿀벌의 유전자가 이형접합체^{heterozygote}(상이한 대립유전자를 가진 개체)라면 암컷이 탄생한다. 종종 그런 경우가 있는데 이배체 꿀벌 알의 성 유전자가 동형접합체이면 이배체 수벌이 탄생한다. 이런 이배체 수벌은 대부분 유충기에 일벌에 의해 죽임을 당한다.

염색체 세트의 수에 따라 성이 결정되는 시스템은 이상한 결과들을 갖는다.

- 수컷은 아버지가 없다. 수정되지 않은 알에서 태어나기 때문이다. 수컷은 아들도 없고, 기껏해야 손자들이 있을 뿐이다.
- 수컷과 암컷이 딸을 낳으면, 자매간에 공유하는 대립유전자가 그들이 자식과 공유하는 대립유전자보다 더 많다.

이 문제를 이해하기 위해서는 보다 세부적인 접근이 필요하다.

- 프랑스의 생물수학자 구스타프 말레코$^{Gustav\ Malecot}$(1911~1998)는 1969년 유전적인 근친도를 다음과 같이 정의했다. 유전적인 근친도 'r'

은 개체에게서 임의로 선택한 대립유전자가 임의의 친척 개체에게서 발견되는 평균 확률이다.
- 'r' 값을 '유전자를 물려주는 자'의 관점에서 산출하는 것이 생물학적으로 중요하다. 유전자 전수가 이런 방향으로 이루어지기 때문이다.
- 반수체 아버지의 모든 대립유전자는 각각의 딸들에게 전수된다. 아버지의 대립유전자가 딸들에게 등장할 확률은 100퍼센트, 또는 r=1.0이다. 따라서 아버지 자신의 대립유전자는 모두 딸들에게서 발견할 수 있다.
- 이배체 어머니와 이배체 딸이 같은 대립유전자를 지니고 있을 확률은 50퍼센트 또는 r=0.5이다. 한 어머니는 각각의 난자 속에 그들의 대립유전자의 1/2을 담기 때문이다. 따라서 딸들은 평균적으로 어머니의 대립유전자의 반을 가지게 된다.
- 친자매에게서 같은 대립유전자가 발견될 확률은 아버지, 어머니와 연관된 관찰을 종합함으로써 계산할 수 있다. 꿀벌 암컷의 절반에 해당하는 유전자는 아버지에게서 오고, 모든 친자매들에게 동일하다. 수학적으로 표현하면 자매들의 유전자 50퍼센트는 100퍼센트 동일하다고 할 수 있다. 어머니에게서 전수되는 절반의 유전자가 동일할 확률은 50퍼센트다. 어머니는 각각의 유전자를 위해 두 가지 서로 다른 대립유전자들을 제공하기 때문이다. 그러므로 유전자 전체로 따지면 50퍼센트의 50퍼센트, 즉 25퍼센트의 동일성을 갖는다.
- 이제 어머니와 아버지가 전수하는 대립유전자로부터 나오는 두 개

의 값을 더하면 자매간의 근친도가 나온다. 자매들의 근친도는 50%+25%=75% 또는 r=0.75이다.

따라서 꿀벌 자매들은 통계적으로 대립유전자의 3/4을 공통으로 가지고 있다고 할 수 있다. 실제로 각각의 일벌에게 이런 수치는 50퍼센트(아버지 쪽에서 물려받은 대립유전자만 같을 때)에서 100퍼센트(아버지, 어머니 쪽으로부터 물려받은 대립유전자가 모두 같을 때) 사이를 왔다갔다한다.

복제 동물들은 유전적으로 100퍼센트 동일하다. 복제 동물의 근친도는 r=1.0이다. 인간의 자손은 순수 통계적으로 계산할 때 부모와 유전적으로 50퍼센트 동일하다. 그러므로 근친도는 r=0.5이다. 반면 꿀벌 자매의 근친도는 r=0.75이다. 이런 관점에서 보면 꿀벌 암컷들은 자신의 유전자를 확산시키기 위해 스스로 자식을 포기하는 대신 자신의 어머니가 가능하면 자매들을 세상에 많이 배출시킬 수 있도록 돕는 것이 더 현명한 노릇이다.

생식불능의 일벌들은 그들의 대립유전자를 확산시키기 위해 서로 협력해야 한다. 그리고 꿀벌 군락에서는 정확히 그런 일이 일어난다.

그러나 꿀벌의 생활을 더 상세하게 관찰하면 일은 좀 더 복잡해진다. 한 여왕벌은 혼인비행에서 평균 12마리의 수벌과 짝짓기를 한다. 수벌의 정자와 여왕벌의 난자가 수정되어 암벌이 탄생한다. 따라서 한 꿀벌 군락에 속한 일벌들은 모두가 같은 엄마가 낳은 자식들이다. 모두 같은 여왕벌들로부터 태어나기 때문이다. 그러나 아버지는 많다. 같은 수벌의 정자로부터 생산되는 일벌은 친자매$^{\text{full sister}}$이거나 아빠가 다른 자매$^{\text{half sister}}$이다. 그리고 친자매의 경우 아빠가 다른 자매들보다 공통의 대립유전자

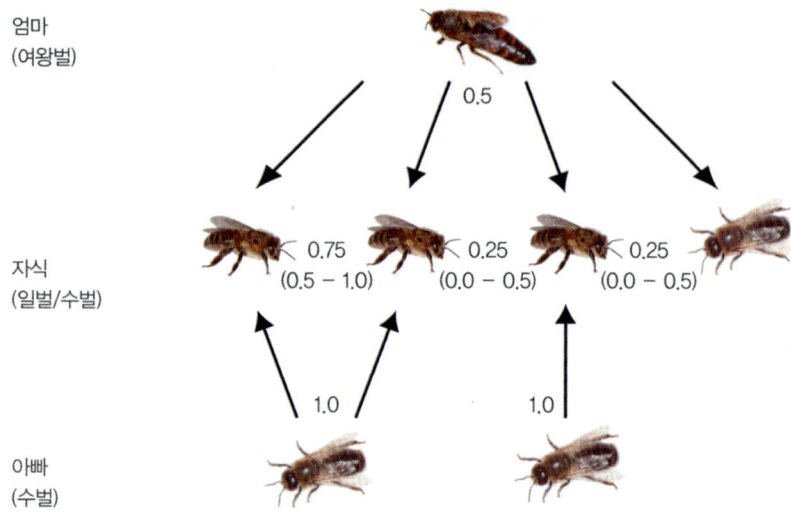

사진 9.1 초개체 꿀벌 군락 내부에는 근친도 'r'로 표시되는 다양한 유전적 친척 관계가 존재한다. 여왕벌과 모든 자식들의 근친도는 r=0.50이다. 친자매(같은 엄마, 같은 아빠)끼리는 r 값이 0.5~1.0 사이이며, 평균 근친도는 0.75, 아빠가 다른 자매(같은 엄마, 다른 아빠)끼리는 r 값이 0.0~0.5 사이이며, 평균값은 0.25이다. 아버지와 딸들의 r 값은 1.00이다. 아버지의 수가 많을수록 유전 관계도 복잡해진다. 게다가 일벌까지 알을 낳아 조카들까지 생기면 r 값은 더욱 복잡해진다.

를 더 많이 가지고 있으므로(사진 9.1), 아빠가 다른 자매보다 친자매를 더욱 적극적으로 도와야 할 것이다. 따라서 친자매끼리는 서로 돕고 아버지가 다른 자매들 간에는 갈등하는 복잡한 양상이 벌어질지도 모른다. 하지만 이렇듯 군락의 꿀벌들을 차별해서 대우를 하려면 자신의 친자매와 아빠가 다른 자매를 구분할 줄 알아야 할 것이다.

꿀벌들은 후각으로 다른 벌들에 대해 많은 것을 알아낸다. 가장 대표적으로 군락에 들어오고자 하는 벌이 그 군락의 구성원인지 아닌지를 후각을 통해 구분한다. 이런 점검은 벌통 입구를 지키는 경비벌들이 맡는다(사진 9.2). 경비벌들은 벌통에 도착하는 벌이 아직 멀리 떨어져 있어도

사진 9.2 경비벌들은 벌집 입구에 도착한 꿀벌들이 군락의 일원인지 아니면 '이방인'인지 점검한다.

벌써 그 냄새를 감지한다(사진 7.29 참고). 그러고 나서 더듬이로 만져봄으로써 더듬이의 화학적 감각 세포를 통해 점검받는 꿀벌이 같은 군락의 일원인지 아닌지 가려낸다.

점검 결과 낯선 벌로 확인되면 그 벌은 공격적으로 벌통 밖으로 추방된다. 하지만 그렇다고 벌통으로 들어갈 수 있는 기회가 아주 없는 것은 아니다. 경비벌에게 꽃꿀 방울을 선물하면 무사히 통과할 수 있다(사진 7.30 참고).

실험 결과, 꿀벌이 더욱더 섬세한 구분을 할 수 있다는 사실이 드러났다. 꿀벌들은 표피가 건조해지는 것을 막기 위해 입혀진 얇은 밀랍층의 냄새로 친자매와 아빠가 다른 반쪽짜리 자매를 쉽게 구분한다. 꿀벌이 이런 능력을 실제로도 활용할까? 그것이 언제 의미가 있을까?

새로운 생식동물의 탄생과 관련하여 이런 '후각적인 확인'을 이용하는 것은 매우 중요할 것이다. 여왕벌과 수벌만이 번식의 미래를 책임지기 때문이다. 새로운 여왕벌을 양육한다는 것은 앞으로 군락에서 어떤 대립유전자가 등장하고 어떤 대립유전자가 사라질 것인지가 결정된다는 의미다. 그러므로 군락의 여러 친자매들 무리가 이를 놓고 상당한 갈등을 겪을지도 모른다.

우리는 한 군락이 누가 새로운 여왕이 될 것인가를 어떻게 확정하는지 전혀 모른다. 아빠가 다른 반쪽자리 자매들 사이에 우리가 알지 못하는 미묘한 갈등과 투쟁이 있을까? 정확한 것은 알 수 없지만, 혼인비행에서 일벌과 여왕벌, 그리고 수벌의 행동양식이 어떤 역할을 하는 것은 아닐까?

여기서는 여전히 많은 것들이 수수께끼로 남아 있다.

일벌들이 알을 낳기 시작하면 또 다른 잠재적인 갈등이 빚어질지도 모른다. 유럽에 서식하는 꿀벌의 경우 일벌 천 마리당 한 마리꼴로 일벌이 알을 낳는다. 이런 알은 수정되지 않으므로 여기서 반수체의 수벌이 탄생한다. 군락에는 여왕벌이 낳은, 여왕벌과 근친도 $r=0.5$인 수벌도 등장하며, 일벌이 낳은, 일벌과 근친도 $r=0.5$인 수벌도 등장할 수 있다. 일벌과 '남자 형제'와의 근친도는 $r=0.25$이다. 이런 값은 여왕벌의 짝짓기 수와 무관하다. 여왕벌은 아들을 생산하기 위해 미수정 난자에 자신의 유전자만 투입하기 때문이다.

일벌과 그들의 자매가 낳은 아들, 즉 조카 사이의 근친도를 계산하면 아주 복잡해진다. 조카와의 근친도는 혼인비행에서 여왕벌의 짝짓기 수에 좌우된다. 여왕벌이 단 한 번의 짝짓기만 했다면 일벌과 다른 일벌(친자매)의 아들과 근친도는 $r=0.375$이다. 그런데 여왕벌이 두 마리의 수벌과 짝짓기를 했다면 조카들과의 근친도는 $r=0.1875$로 이미 남자 형제들 $r=0.25$보다도 낮아진다. 여왕벌이 짝짓기를 열 번 했다면 일벌과 조카와의 근친도는 $r=0.15$가 된다. 따라서 여왕벌이 일반적으로 여러 번 짝짓기를 하는 상황에서 이론적으로 볼 때 일벌들이 자신의 남자 형제들이나 근친도가 $r=0.5$인 자신의 아들들을 죽이지 않고 자매들의 아들들, 즉 조카들을 죽이는 것이 유전적으로 이로운 일이다.

그리하여 일벌들이 유전적으로 공통점이 없는 조카들을 없애고자 할지도 모를 일이다. 실제로 일벌이 다른 일벌이 낳은 알을 먹어치우는 것을 관찰할 수 있다(사진 9.3). 하지만 그렇다면 자신이 낳은 알이나 자신과 친자매가 낳은 알은 지키고, 자신과 아버지가 다른 자매의 알을 없애야 할 것인데, 지금까지 일벌들이 친자매의 알과 아버지가 다른 자매의

사진 9.3 일벌들은 여왕벌이 낳은 알은 먹지 않고, 원칙적으로 결함이나 발달 장애를 보이는 모든 알을 먹어치운다. 알 하나를 가는 바늘로 가볍게 찔렀더니 몇 분 뒤에 일벌 한 마리가 알을 방에서 제거하고(위-하얀 동그라미) 이어 그것을 먹어치웠다(아래).

알을 구분할 수 있는지는 알려져 있지 않다. 일벌들은 그냥 '안전한 길'을 선택해서 여왕벌이 생산하지 않은 알을 무차별적으로 먹어치우는지도 모른다.

꿀벌 군락 일원들 간의 근친도를 양적으로 규정하는 것은 까다로운 이론을 배태할 수 있다. 그러나 거기서 계산되는 근친도 $\bar{r}$ 은 통계적인 평균치일 뿐 실제적인 근친도는 등락이 심할 수 있다(사진 9.1 참고). 각 꿀벌과 다른 꿀벌, 고치, 유충, 알과의 근친도는 계산된 통계적 평균치 $\bar{r}$ 이 아니라 구체적이고 개별적인 $\bar{r}$ 값이다. 꿀벌이 다른 벌들을 접할 때 이런 값을 확인할 수 있을까?

일벌들이 반수체 수벌들의 알을 먹어치우는 것을 보면 일벌이 여왕벌의 알과 자매들의 알을 구분한다는 것을 알 수 있다. 그러나 대립유전자 분배에서 작용하는 우연으로 인해 일벌들이 마주치는 여왕벌의 알이 그 일벌과 전혀 유전적 공통점이 없을 수도 있고, 반대로 자매들의 알이 그 일벌과 더 많은 대립유전자를 공유할 수도 있는 것이 아닌가.

따라서 이 이론이 성립하려면, 출신 성분으로 가늠되는 친척 관계가 아니라 공통의 유전자를 품고 있는 정도가 확인되어야 하고, 그에 따라 상대방을 어떻게 다룰 것인지가 결정되어야 할 것이다.

실제로 꿀벌들이 군락 속의 다양한 근친도를 어떻게 분별하고 이용하는가는 앞으로 계속 연구해야 할 과제다.

그러나 꿀벌들이 알을 먹어치우는 행동과 관련하여 많은 관찰들은 보다 더 간단한 설명 쪽에 무게를 두게 한다. 일벌들이 알을 먹어치우는 행동은 군락의 위생을 고려한 행동(사진 9.3)이라는 것이다. 일벌이 낳은 알을 일벌들이 먹어버리기 전에 보호하여 그 운명을 추적해보면, 그

알로부터 깨어나는 유충은 극도로 적다는 것을 알 수 있다. 배의 발달이 제대로 이루어지지 않거나 배가 일찌감치 죽어버리는 것이다. 그러므로 여기서 일벌들은 살아있는 알과 죽은 알을 구분하기만 하면 되는지도 모른다. 이런 과제는 여러 등급의 유전적 유사성을 확인하는 것과 비교하면 훨씬 더 간단한 과제다. 여왕벌 알은 여왕벌이 알을 낳을 때 함께 집어넣는 향기를 통해 인식되는지도 모른다. 그런 향기가 여왕벌의 알을 보호하는 표지가 될 수도 있다. 또한 여기에서도 많은 의문이 아직 수수께끼로 남아 있다.

막시류에게 있어서 반수체와 이배체를 통해 성이 결정되는 것이 바로 초개체로의 진화를 비로소 가능케 했던 '기술적 전제'였다. 이 전제는 개별적인 유기체에서 점점 복잡한 많은 단계를 거쳐 곤충 공동체로 넘어가는 역사적 전환을 설명해 준다.

그러나 친척 관계를 현재의 꿀벌 생물학을 설명하는 해답으로 끌어다 대기에는 오늘날 살아있는 초개체 꿀벌 군락의 현실이 찬물을 끼얹는다. 통계적 평균치 주변에서 r 값이 굉장히 유동적이라는 문제는 이미 지적했었다. 여왕벌이 혼인비행에서 짝짓기를 하는 횟수를 근친도에 대한 숙고 속에 포함시키면 상황은 다시 한 번 복잡해진다. 군락의 모든 꿀벌들이 한 엄마와 한 아빠를 두고 있을 때에만 해밀턴의 정량적인 숙고가 통한다. 그러나 다수의 아버지들이 꿀벌 군락에 그들의 흔적을 남기기 때문에, 해밀턴의 정량적 숙고는 오늘날 발견되는 꿀벌 군락에는 통하지 않는다. 한 군락에 속한 일벌의 유전적인 동질성은 일벌과 (일벌이 자식을 낳는 경우) 그 자식 사이보다 훨씬 떨어질 것이다.

따라서 혈연선택 이론이 오늘날의 꿀벌들에게 어떻게 적용되는가를 생각하며, "과학의 최대 비극은 추한 사실이 아름다운 가설을 죽이는 것이다."라고 말한 토머스 헉슬리$^{Thomas\ H.\ Huxley}$(1825~1895)의 탄식을 떠올리게 된다. 그러나 여기에서는 그렇게 극적이지는 않다. 해밀턴은 진화에서 꿀벌들이 초개체로 나아가도록 하기 위해 필요했다. 반수체와 이배체는 막시류 초개체가 발달될 수 있었던 토대였다. 오늘날 몇몇 말벌들에게서 발견되듯이 꿀벌 자매들은 일찌감치 벌집을 만들고 자손들을 키우는 데 서로 협력했을 것이라고 생각된다. 하지만 이제 혈연선택이 더 이상 명확한 토대가 되지 못한다면, 어떤 요인이 꿀벌들로 하여금 이렇게 서로 돕도록 했던 것일까?

꿀벌의 협동

꿀벌들은 어떤 유익이 있기에 지금 우리가 관찰하는 것처럼 살아가는 것일까? 어찌하여 한 군락의 모든 일벌들이 한 아버지를 두지 않는 것일까? 그렇게 많은 아버지를 두는 데는 어떤 유익이 있는 것일까?

꿀벌 군락에 꿀벌들이 다시 외톨이로 '추락하는 것'을 방해하는 긴밀한 유전적 친척 관계가 존재하지 않는다면, 초개체가 깨지지 않도록 막아주는 것은 과연 어떤 요인일까?

혈연선택을 토대로 꿀벌이 일단 초개체로 진화한 후 이제 갑자기 이런 '유전적 원심력'보다 더 유익을 제공하는 새로운 고안과 업적들이 나오기 시작했을 것이다. 그리하여 '내적인 근친도'가 심하게 변동함에도 불구하고 군락의 일원들이 초개체로 살아가는 것이 유익이 되는 것이 틀림없다.

　모든 단독 행동을 하는 개별적인 유기체에게 생리학이 있는 것과 마찬가지로 초개체에게는 군락 구성원들의 특성과 상호작용으로부터 나오는 '초생리학'이 존재한다. 초개체의 사회생리학은 초개체의 일원을 강력하게 한데 묶어주며, 그 생리학의 특질은 초개체들이 경쟁하는 가운데 진화적 선택의 평가를 받는다. 전체 무리의 특성은 선택이 작용하는 표현형이다. 선택의 높은 평가를 받은 무리에 속한 동물은 승자 편에 있다. 그런 무리에 속한 일벌들은 살아남고, 그들의 대립유전자들을 확산시킬 수 있었다. 비록 그 확산이 어머니와 남자 형제들을 통해 간접적으로 이루어질지라도 말이다.

　꿀벌 군락 내부의 유전적 갈등은 여왕벌이 여러 번 짝짓기를 한다는 데서 비롯된다. 여왕벌의 이런 짝짓기로 내부의 갈등이 초래된다면, 초개체는 왜 이런 방식을 선택하는 것일까? 여왕벌이 여러 번 짝짓기를 함으로써 꿀벌 군락이 얻을 수 있는 유익은 어떤 것일까?

　아버지가 많다는 것은 다양한 대립유전자가 많다는 의미다. 그리고 일벌들이 많은 다양한 특성을 지닌다는 의미다.

　꿀벌들이 서로 다르다는 것은 무엇보다 환경이 주는 다양한 자극에 대한 민감성이 다르다는 이야기다. 어떤 아버지는 자극에 민감한 벌을 만들어내고, 또 다른 아버지는 자극에 그리 민감하지 않은 벌을 탄생시킨다. 이렇게 민감성의 폭이 넓은 것은 한 군락이 외적, 내적 장애에 대처하는 강도를 결정한다. 어떤 벌은 벌집의 온도가 조금만 내려가도 벌써 난방 활동을 시작한다. 하지만 또 어떤 벌들은 온도가 더 떨어져야 비로소 난방을 시작하고, 또 다른 벌들은 더 낮은 온도에서야 겨우 난방을 시작한다(사진 10.6 참고). 그러므로 커다란 전체로서의 한 군락이 이런 등급화된 방식으로 장애에 언제나 최적으로 반응하게 된다는 것을 알 수 있다. 측정되는 장애의 정도에 따라 적정한 힘들이 동원되기 때문이다. 아주 민감한 벌로부터 아주 둔감한 벌에 이르는 넓은 스펙트럼은 자동적으로 군락의 반응 강도를 언제나 적절한 상태로 조절한다.

그러나 군락 내에서 많은 아버지를 두는 것이 기후를 공동으로 조절하는 데에만 유익한 것은 아니다. 많은 아버지를 두어 그 구성원들이 '다양한' 특징으로 어우러지게 되는 유익은 지금까지 연구되었던 꿀벌 군락 생활의 모든 측면과 연관된다.

딸을 배출한 아버지의 수가 많을수록 꿀벌 군락에 질병이 발생하는 비율도 줄어든다. 어찌하여 여러 번 짝짓기를 한 여왕벌이 배출한 군락이 짝짓기가 인공적으로 간단하게 조절된 봉군보다 병에 덜 걸리는가는 아직 밝혀지지 않았다. 개별적인 벌의 질병 저항력은 그런 관찰을 잘 입증해 주지 못한다. 그저 유전적으로 다양한 군락의 사회생리학이 병균의 위협 같은 각종 스트레스에 더 잘 대처할 수 있는 것이 아닌가 추측할 뿐이다. 이런 사실 역시 꿀벌에 대한 앞으로의 연구를 위한 흥미로운 과제라 할 것이다.

10 | 완성된 원

초개체 꿀벌 군락은 꿀벌들을 모아놓은 것 이상이다.
초개체는 각각의 벌이 가지고 있지 않은 특성들을
소유하고 있기 때문이다. 그리고 반대로 전체 군락의 특성은
사회생리학적 차원에서 개별적인 꿀벌의 특성을 결정하고,
각 꿀벌의 특성에 영향을 미친다.

복합적응계

꿀벌 군락 안의 상태와 상황은 매우 복잡하다. 계속하여 수많은 꿀벌들이 동시에 생태의 구성 요소에 기여를 하고, 그런 구성 요소들이 합쳐져 군락의 전체 생태를 이루기 때문이다.

복잡한 생물학적 체계는 단기적으로 유연성을 통해, 장기적으로 진화를 통해 환경의 중요한 측면에 적응한다. 그 체계는 적응 능력을 갖는다.

적응 능력을 갖는 복합적인 체계가 자연, 기술 등 아주 다양한 영역에서 발견된다는 사실은 복합적응계complex adaptive system의 특성을 일반적으로 기술할 수 있도록 해준다.

그리하여 정보학자 존 홀랜드^{John N. Holland}(1929~)의 아주 포괄적인 정의에 따르면 복합적응계란 "서로 병행적으로 끊임없이 행동하고 동료 행위자의 행동에 민감하게 반응하는 많은 행위자(행위자로는 세포, 종, 개인, 회사 또는 민족도 포함된다.)들로 이루어진 역동적인 네트워크다. 복합적응계의 조절은 산발적이고 분산적이다. 복합적응계에 일관성 있는 행동이 존재한다면, 이것은 행위자들 상호 간의 경쟁과 협동에서 연유한다. 전체 시스템의 행동은 다수의 개별적인 요원들이 내리는 많은 결정의 결과다."

꿀벌 연구자는 이런―약간 건조한―정의에 열광할 것이다. 이런 정의는 꿀벌 현상을 분류할 수 있는 이론적 틀을 제공하는 한편, 꿀벌을 연구하면서 직관적으로 받게 되는 인상을 확인해주기 때문이다. 꿀벌 연구자가 초개체 꿀벌 군락의 특성을 기술하고자 한다면, 그 특성들은 하나하나 홀랜드의 추상적 정의와 맞아 떨어지게 될 것이다.

"초개체 꿀벌 군락은 계속하여 활동하며, 환경 조건과 벌집 동료들의 활동에 반응하는 몇천 마리의 개별적인 동물들로 구성되는 적응력 있는 복합적인 동물 공동체이다. 군락을 관리하는 상부 기관 같은 것은 없으며, 군락의 전체 생태는 꿀벌 상호 간의 협동과 경쟁으로부터 비롯된다."

초개체 꿀벌 군락과 같은 복합적응계는 저절로 조직되고, 창발성을 이루는 능력을 보여준다. 복합적인 적응 시스템의 다른 중요한 특징은 의사소통(제4장 참고), 전문화(제8장 참고), 시공간적 조직(제7장 참고), 번식(제2장 참고) 등이다.

그렇다면 꿀벌 군락에서 이렇게 저절로 조직되고 창발성을 이루는 것은 어떻게 드러날까?

항상성

건강한 유기체 안에서는 중요한 생명 기능들이 균형을 이룬다. 그런데 내적, 외적 요인들이 이런 균형을 방해할 수 있기 때문에 능동적으로 균형을 새로이 조절할 수 있는 과정이 요청된다. 이런 과정들은 다음과 같은 일을 해야 한다. 수치가 이상적인 수준 이하로 떨어지면 능동적으로 높여야 하고, 수치들이 너무 높으면 떨어뜨려야 한다. 그런 조절 과정은 부정적인 피드백을 통해서 일어난다. 부정적인 피드백은 시스템의 다양한 부분을 서로, 그리고 외부 세계와 연결시키고 항상성을 유지하게끔 한다. 꿀벌 군락과 같은 생물학적－유기체적 시스템에서 항상성은 균형 상태를 스스로 조절하는 것을 의미한다. 균형이라는 개념은 고요와 정지를 연상시킨다. 그러나 꿀벌 군락에서 조절된 상태는 '굳어진' 상태와 전혀 다르다. 목표치는 계속하여 변화하며, 군락의 활발한 활동을 통해서만 도달될 수 있다. 칠레의 두 사상가 프란시스코 바렐라$^{Francisco\ Varela}$(1946〜2001)와 움베르토 마투라나$^{Humberto\ Maturana}$(1928〜)의 의견을 좇아 그런 역동적인 경우는 항상성^{homeostasis}이라는 말보다는 평형역동성^{homeodynamics}이라고 칭하는 것이 나을지도 모른다. 하지만 복잡해지지 않도록 좀 미흡하지만, 이미 정립된 개념인 항상성을 고수하기로 하자.

조절된 생물계의 구조적인 여건은 개체생물학$^{organismic\ biology}$의 기초를 이루는 두 가지 결과를 초래한다.

- 전체는 부분의 합 이상이며, 부분의 수준에서는 존재하지 않는 창발적 특성을 갖는다.

● 전체는 거꾸로 부분의 행동을 결정한다.

전체와 부분 사이의 이런 상호 피드백적인 연관은 세부적인 것뿐 아니라 전체를 보고자 하는 개체생물학의 근간이다. 살아있는 유기체의 복잡한 현상을 더 잘 이해하기 위해서는 그것들의 기능과 생물학적인 목표를 부분과 전체, 그리고 이들의 상호 의존성에 맞춰 연구해야 한다. 꿀벌들은 이런 연구에 특히 알맞다. 살아있는 체계의 특성에 대한 두 명제—전체는 부분의 특성을 종합한 것 이상이다. 전체는 부분의 특성에 영향을 끼친다—는 꿀벌 군락에서 탁월하게 연구되고 증명될 수 있기 때문이다.

첫 번째 가설의 기본적인 특징

꿀벌 군락은 다양한 피드백의 가능성을 가진 매우 복합적인 체계이다. 초개체 꿀벌 군락에서 우리는 각 꿀벌의 신체 기능적인 항상성과 전체 군락에서의 사회적인 항상성을 발견한다. 각각의 벌은 신체 기능적인 측면에서 여타 건강한 생물들처럼 균형과 조화를 이루고, 꿀벌 군락은 그것을 넘어 군락에 속한 모든 일원이 공동으로 수행하는 행동으로만 도달될 수 있는 균형 상태를 보여준다. 벌집 짓기, 벌집 온도 조절하기, 벌집 위생 유지하기 등이 그에 속한다. 초개체는 개인적으로 성취할 수 없고, 오직 공동체로서만 발휘할 수 있는 능력과 사회생리학적인 특성을 보여준다.

두 번째 가설의 기본적인 특징

군락의 사회생리학은 벌집을 짓는 일이나(제7장 참고) 유충의 양육을 담당하는 일(제8장 참고)처럼 각 꿀벌의 특성에 지대한 영향을 끼친다.

꿀벌 생물학의 어떤 특성을 분석하든지 상관없다. 모든 것들은 다른 모든 것들과 서로 연결되어 있다. 각각의 자동 조절 시스템을 따로 분리해서 연구하는 것은 원칙적으로 문제가 있다.

초개체에서 자동 조절 시스템에 대해 알려진 대표적인 것은 유충 방의 온도 조절에 관한 것이다.

너무 덥지도, 너무 춥지도 않게!

조절이란 수치가 표준치보다 너무 낮거나 높은 상태가 되지 않도록 통제하는 것을 가리키는 말이다. 벌집 온도 조절을 위해 꿀벌은 온도를 낮추기 위해 물을 뿌리고 부채질을 하며, 온도를 높이기 위해 비행근육을 이용하여 열을 만들어낸다. 꿀벌이 만들어내는 열은 유충의 방에 유입됨으로써 가장 효율적으로 이용된다.

그것을 위해 유충 방들이 위치한 구역의 건축이 중요한 역할을 한다. 에너지를 최적으로 이용하여 일정한 온도가 유지되기 위해 방은 특별한 방식으로 만들어져야 한다. 뚜껑 덮인 유충 방들이 있는 구역에서 난방을 위해 이용되는 빈방이 어느 정도의 밀도로 위치할 것인가는 기온에 따라 달라진다(사진 10.1). 빈방이 너무 적으면 빈방이 많이 있는 것보다 난방

사진 10.1 꿀벌의 유충 방은 사회적 항상성의 눈에 보이는 결과물이다. 유충 방의 외관은 모든 꿀벌이 공동으로 작업한 산물이다. 유충 방의 건축적인 세부 구조는 번데기 방에 에너지 사용 면에서 최적화된 난방을 제공한다. 뚜껑이 덮여 있는 유충 방에 빈방의 비율이 5~10퍼센트 정도면 난방벌은 생산한 열을 최적으로 투입할 수 있다.

활동이 줄어든다. 실제로 건강한 꿀벌 군락의 유충 방 구역에는 평균 5에서 10퍼센트 정도의 빈방이 있다. 그러나 뚜껑 덮인 번데기 방들 사이에 있는 빈방의 비율은 외부의 평균 기온에 따라 더 높아질 수도 있고, 더 낮아질 수도 있다. 외부 기온이 벌의 난방 활동을 용이하게 하여 빈방이 거의 없거나 혹은 전혀 필요하지 않을 수도 있다. 하지만 외부 기온이 낮아 많은 난방이 필요하면 뚜껑 덮인 유충 영역에는 방들이 일정 정도로 비어 있어야 한다. 간혹 뚜껑 덮인 유충 방 구역에서 빈방의 비율이 10퍼센트를 넘고, 심지어 20퍼센트도 넘을 때도 있지만 이것은 유충 방의 기후 조절과 관계없는 좋지 않은 상황으로 인한 현상이다. 이배체 수벌 유충의 수가 많은 경우(제9장 참고) 일벌들이 이 유충을 죽여 유충 방에서 치워버리기 때문에 특히나 빈방이 많아져 유충 구역에 구멍이 숭숭 뚫리게 된다.

번데기가 평균 어느 정도의 온도에서 성장하는가는 그 번데기로부터 탄생할 성충의 특성에 영향을 미친다. 그리하여 그 성충들이 다시금 유충 방 구역을 효과적으로 난방하는가 하면, 최적의 상태로 건축하게 된다. 이렇게 지어진 유충의 방은 다시 번데기의 보온에 영향을 미침으로써, 앞으로 태어날 꿀벌의 특성에 영향을 미친다. 이처럼 유충 방 구역의 크고 작은 자동 조절 시스템에서 네트워크화와 피드백이 일어난다.

꿀벌 군락에서의 피드백은 다양하게 발견된다. 각각의 벌과 초개체는 빠르거나 혹은 느린 피드백 반응을 보인다. 부정적인 피드백이 주어졌을 때, 장애와 그에 대처하는 반응 간의 연관은 강할 수도 있고 약할 수도 있다. 또한 꿀벌 군락의 조절 과정이 작은 공간에서 일어날 수도 있고, 큰 공간에서 일어날 수도 있다.

투입되는 생리적 메커니즘에 따라 피드백은 빠르게 효력을 미칠 수도 있고, 서서히 작동할 수도 있다. 그것은 어떤 변수의 실제 수치가 확인되는 데 걸리는 시간과 이런 측정치가 전달되는 속도에 좌우된다. 꿀벌이 환경으로부터 직접 정보를 얻을 때가 의사소통을 통해 간접적으로 정보를 얻을 때보다 더 신속한 조절이 이루어진다. 꿀벌의 활동이 의사소통을 통해 유발되고 조절되면, 각각의 벌이 개인적인 경험과 무관하게 시공간을 초월하여 행동할 수 있게 된다. 이에 대한 고전적인 예가 바로 춤 언어이다. 그러나 유충 방을 난방하는 일에서도 세세한 것은 알 수 없지만 의사소통이 작용한다는 전제로만 설명할 수 있는 현상들이 있다. 수백 마리의 난방벌에게서 온도 감각이 위치한 마지막 더듬이 환절을 조심스럽게 제거하면 그들은 벌집의 다른 내부 활동에서는 여느 벌과 다름없이 행동한다. 그러나 이들은 뚜껑이 덮여 있는 유충 방을 난방하지는 못한다. 그런데 이런 '온도에 눈먼' 꿀벌의 무리에 소수의 온전한 난방벌을 합류시키면, 얼마 지나지 않아 모든 벌들이 유충의 방을 난방하는 일에 참여하는 것을 볼 수 있다. 장애를 입은 꿀벌들은 유충 방의 온도를 직접적으로 잴 수 없고, 그리하여 주체적으로 난방을 할 수 없으므로 이런 공동체적인 난방 활동에 의사사통이 개입된다고밖에 볼 수 없다. 온전한 벌을 조금만 투입해도 더듬이의 마지막 환절이 제거된 다수의 난방벌이 난방 활동에 참여하기 때문이다.

조절될 수 있는 단위의 어느 정도의 값이 유기체에게 가장 이상적인가는 진화가 진행되면서 변화와 선택을 통해 시험된다. 고도로 발달된 시스템은 더 나아가 긴 진화 과정에서 입증된 확고한 평형치를 유지할 뿐 아니라, 단기적으로 자동 조절 시스템을 위해 목표치를 역동적으로 변화시키고 언제나 새로운 필요에 적응할 수 있다.

유충 방의 크기, 화분 저장고의 양처럼 꿀벌 군락에서 요청되는 수치는 계절에 따라 대폭 차이를 보이기도 하는데, 그것은 각각의 상황에 새로이 맞출 수 있는 초개체의 유연성을 보여준다.

꿀벌 군락에 새로운 과제가 전면으로 대두되거나 어떤 과제의 중요성이 커질 때, 그 도전에 대처하는 초개체의 반응 양상은 다음 세 가지다.

- 본래부터 그 과제를 담당했던 꿀벌이 노력을 더욱 배가한다.
- 자신이 하고 있던 일에서 철수하여 새로운 과제에 투입되는 꿀벌도 있다. 여기서 다양한 활동을 수행하는 것을 두고 갈등이 빚어질 수도 있다.
- 군락의 '쉬고 있던 예비역' 꿀벌들이 활동에 참여한다.

꿀벌 군락은 대부분 쉬고 있던 예비역을 동원한다. 군락의 일원이 많다 보니 예비역은 항상 확보되어 있다.

자동 조절 시스템

초개체 꿀벌 군락에서는 조절된 '이상적인 수치'들이 많다. 미국의 꿀벌 연구가인 토마스 실리$^{\text{Thomas D. Seeley}}$(1949~)는 자신의 저서 『벌집의 지혜$_{\text{The wisdom of the hive}}$』에서 꿀벌 군락의 먹이 수집을 둘러싼 자동 조절 시스템에 대한 연구 결과를 흥미롭게 기술하고 있다. 꿀벌 군락에 있어서 요청되는 꿀의 적절한 저장량은 몇 가지 요인에 좌우된다. 벌집의 꿀을 저장할 수 있는 공간과 꿀벌의 꿀 소비량도 그 요인이다.

유충 구역의 난방을 위해 꿀을 많이 연소하면 꽃꿀을 유입함으로써 꿀을 보강해야 한다. 이것은 수집벌의 몫이다. 수집벌 활동의 조절은 다음 두 가지로 이루어진다. 첫째, 벌집의 먹이 저장고가 떨어지고 들판에 좋은 밀원이 있는 경우 수집벌의 활동이 활발해진다. 둘째, 벌집에 먹이가 충분히 저장되어 있거나 애용하는 밀원의 먹이가 고갈되는 경우 수집 활동을 낮춘다. 두 가지 경우 모두 의사소통 메커니즘을 통해 피드백이 이루어진다. 춤 언어는 꿀벌 군락에서 놀고 있는 예비역을 동원하며, 벌집에서 꿀을 넘겨받아 저장하는 꿀벌의 머뭇거리는 행위나 수집 행위를 감소시킬 목적으로 이루어지는 특유의 의사소통 형태들은 반대 효과를 낸다. 그런 피드백은 군락이 해당하는 새로운 상황에 빠르게 반응하도록 한다.

세부적인 조절은 다음과 같이 이루어진다. 들판에 꽃꿀이 많이 있으면 수집벌들은 원무 또는 꼬리춤을 추고, 그것을 통해 벌집에 있는 동료들

사진 10.2 마이크로칩이 부착된 꿀벌은 아무리 꿀벌이 많이 모여 있어도 식별이 가능하다. 그리하여 그 꿀벌의 행동을 빈틈없이 관찰할 수 있다.

은 추가로 꽃꿀을 수집하러 나선다. 이런 추가적인 꽃꿀 수집은 각각의 수집벌이 수집에 더욱 열심을 내는 것이 아니라, 활동하는 수집벌 수가 더 늘어나는 것으로 이루어진다. 꿀벌 군락은 활동하지 않는 많은 예비역을 가지고 있고, 꼬리춤은 이들이 수집 활동을 하도록 부추긴다. 태어나는 시점에 마이크로칩^{radio frequency identification}(사진 3.10 참고)을 벌에게 붙여 이것으로 꿀벌이 일생 동안 나가는 수집 비행을 자세히 추적하면(사진 10.2), 각 꿀벌이 수집 활동에 얼마나 열심인지를 자세히 알 수 있다. 그리하여 전형적인 수집벌은 하루 평균 3~10번의 비행을 나가는 것으로 나타났다.

사진 10.3 매력적이지 않게 된 밀원을 방문하는 수집벌들은 벌집에서 다른 수집벌을 만나, 높은 주파수의 고함으로 그들을 '놀라게' 만든다. 그러면 이들은 꼬리춤을 중단한다. 꽃꿀을 넘겨받은 벌 중에 쉬고 있던 벌들은 '고함 소리를 듣고' 활동에 투입되어 수집벌로부터 신선한 꽃꿀을 넘겨받는다.

모든 벌집 안의 꿀 저장 공간이 다 차면, 꿀을 넘겨받아 저장하는 꿀벌들은 수집 여행에서 돌아오는 벌들에게 더 이상 꿀을 넘겨받지 않는다. 그리하여 최소한 수집벌이 꿀을 넘겨주기 위해 기다려야 하는 시간이 늘어난다. 그러면 수집벌들은 떨림춤$^{tremble\ dance}$을 추어(사진 10.3) "더 이상의 수집 비행이 필요하지 않다."라는 사실을 알린다.

그러나 수집벌들은 밀원의 먹이가 고갈될 위협이 있거나 밀원을 방문하는 수집벌이 너무 많아 도움보다 방해가 된다는 것을 몸소 경험할 수도 있다. 그런 꿀벌들은 수집 비행으로부터 벌집으로 돌아온 후 다른 벌들에

사진 10.4 벌집으로 꽃꿀의 유입을 조절하는 '조절 단추'는 두 가지 서로 다른 행동 양식이다. 왼쪽 사진: 꼬리춤을 통해 수집벌이 더 많이 편성되어 꽃꿀 유입이 증가한다. 오른쪽 사진: 떨림춤이 수집벌의 수집 비행을 막아 꽃꿀의 유입을 줄인다.

게 다가가 높고 짧은 소리로 '고함을 지른다.'(사진 10.3).

이런 고함은 모듈화된 신호로서 꼬리춤과 떨림춤에 영향을 끼친다. 그리하여 '고함을 들은' 꼬리춤꾼들은 춤을 중단한다. 무대 밖에서의 '고함지르기'는 떨림춤과 더불어 꿀을 넘겨받는 벌들을 동원하여 군락의 꽃꿀 처리 능력을 높인다. 그것은 수집벌의 역동적인 활동에 제동을 거는 떨림춤과 더불어 음악회에서 중요한 역할을 담당한다. 꼬리춤과 떨림춤, '고함지르기'가 종합되어 꽃꿀의 유입과 처리를 안정적으로 만들며, 변동이 심하지 않도록 해준다. 이런 피드백 없이 빠르게 바뀌는 바깥 들판의 사정에 좌우된다면 변동의 폭은 훨씬 커질 것이다(사진 10.4).

한 군락의 전체적인 시공간적 수집 활동은 꿀벌들이 오래된 밀원과 새로운 밀원을 세심하게 다룬 결과이다. 군락의 노동력을 조종하는 정보의 흐름은 춤과 꿀을 넘겨받는 벌의 행동에 기초한다.

그리하여 수집벌의 활동은 그런 정보에 최대한 맞춰진다.

자동 조절 시스템은 또한 서로 연결되어 있다. 꽃꿀 유입의 자동 조절 시스템은 벌집 건축의 자동 조절 시스템과 서로 얽혀 있다. 수집벌로부터 꽃꿀을 넘겨받아 꿀 방에 저장하는 벌들이 여러 시간 동안 더 이상 저장 공간을 발견하지 못하는 경우, 벌집 구멍에 벌집을 확장할 만한 공간적 여유가 있으면 그들은 밀랍샘에서 새로운 건축 재료를 만들어내기 시작한다. 그리하여 다시 건축 활동이 재개되고, 추가적으로 꿀 창고를 짓는다. 초개체의 또 하나의 '이상적 수치'—기술적으로 정확히 표현하면 '요청되는 수치'—는 유충 방의 온도 조절이다. 현재의 온도는 이상적인 온도보다 더 높을 수도 있고 더 낮을 수도 있다. 그리고 요청되는 온도로부터 조금 벗어나 있을 수도 있고 많이 벗어나 있을 수도 있다. 그러므로 초개체의 온도 조절 시스템은 온도를 낮추거나 높일 수 있어야 한다.

유충 방 구역의 온도가 너무 높으면 벌집으로 물을 유입하여 물을 방 가장자리와 방의 뚜껑에 얇게 축이는 벌들과 벌집에 앉아 날개로 시원한 바람을 만들어내는 벌들이 행동을 개시한다(사진 10.5). 온도가 너무 낮은 경우에는 난방벌이 활동을 개시한다(사진 10.6). 이런 두 가지 방식을 이용하여 꿀벌은 벌집의 온도를 올릴 수도 있고 내릴 수도 있다.

그런데 변화의 방향(냉방 또는 난방)이 항상 적절하게 이루어질 뿐만 아니라, 어떻게 구체적인 온도가 정확하게 조절되는 것일까? 온도의 균형을 유지하는 데 정확히 필요한 만큼의 벌들을 어떻게 투입하는 것일까?

초개체 꿀벌 군락의 해결책은 간단하면서도 매우 효과적이다. 다양한 꿀벌들이 행동을 유발하는 표지와 신호에 대해 다양한 역치^{threshold}(생명체가 자극에 대한 반응을 일으키는 데 필요한 최소한도의 자극의 세기를 나타내는 수

사진 10.5 뚜껑이 덮여 있는 유충 방 구역의 온도가 적정 온도에서 조금 높아지면 몇몇 통풍벌 ventilating bees이 투입된다(위쪽 사진). 유충 방의 온도가 적정 온도에서 많이 높아지면 더 많은 통풍벌이 활동한다(아래 사진).

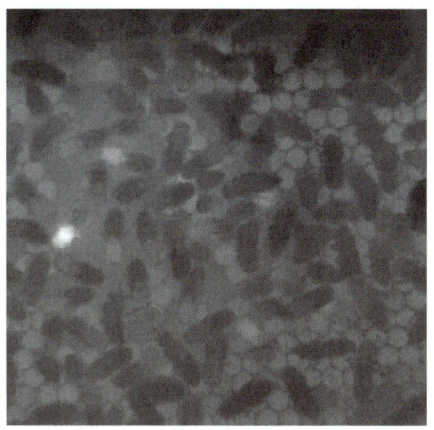 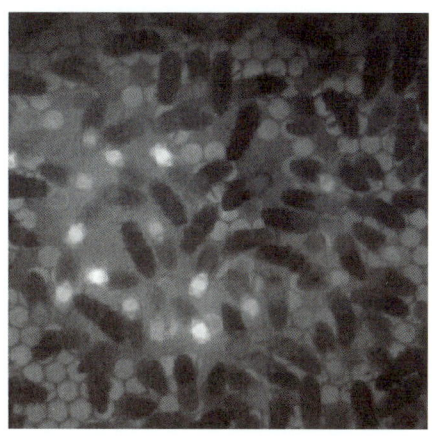

사진 10.6 덮개가 덮여 있는 유충 방의 온도가 적정 온도에서 조금 떨어지면 소수의 난방벌이 활동한다(왼쪽 사진). 유충 방의 온도가 적정 온도에서 현격하게 떨어지면 더 많은 난방벌이 활동한다(오른쪽 사진).

치—역주)로 반응하는 것이다. 그리하여 온도가 조금만 높아져도 벌써 부채질을 시작하는 벌이 있다. 다행히 이 벌들이 더위를 잡을 수 있으면 좋지만 온도를 적정 수준으로 끌어내리는 데 실패하면 온도는 계속 상승한다. 그러면 그 다음으로 민감한 벌이 이제 더 높아진 온도에 자극을 받아 부채질을 시작한다(사진 10.5 참고). 일은 이렇게 계속되고, 이어 온도가 떨어지면 역치가 가장 높은, 그리하여 가장 마지막에 부채질을 시작한 벌이 처음으로 다시 부채질을 멈춘다. 이런 방식은 매우 경제적이다. 장애의 정도에 따라 늘 조절하는 힘이 적절하게 작동하기 때문이다. 쉬고 있는 예비역 벌들은 같은 종류의 벌로 이루어지지 않고 다양하게 구성된다. '다양한 벌의 조합'은 초개체로 하여금 당면 과제에 늘 적절히 반응할 수 있도록 해준다.

역치가 얼마나 높은가 하는 것은 유전적으로 결정된다. 한 군락을 구성하는 벌의 역치가 다양한 것은 여왕벌이 여러 마리의 수벌과 짝짓기를 하기 때문이다. 다양한 아버지들은 서로 다른 역치를 가진 딸들을 생산하고, 이로써 민감성의 폭이 넓어진다. 이렇게 폭이 넓을수록 장애에 대처하기 위해 투입되는 벌의 수가 장애의 정도에 더욱 민감하게 조절될 수 있다. 그리고 그만큼 초개체의 행동이 섬세하게 세분화될 수 있다.

특정한 행동에 이르는 역치는 유충기의 사육 조건을 통해서도 영향을 받는다. 유전적인 요소와 달리 이것은 느린 피드백 과정이며, 여기서는 꿀벌들 스스로 조종하는 발달의 전환이 중요한 역할을 하는 것으로 보인다.

유럽 꿀벌인 카니올란$^{Apis\ mellifera\ carnica}$과 아프리카 꿀벌인 케이프$^{Apis\ mellifera\ capensis}$의 잡종 교배로 태어난 이른바 아프리카 킬러 벌의 경우, 군락의 행동에 이런 섬세함과 민감성이 결핍되어 있다. 일반적으로 적군이 나타났다는 경보는 은밀한 춤 언어와 달리 다수의 군락 구성원을 활동시키지만, 경보가 울렸더라도 대두된 위험의 강도가 측정되고 그에 따라 적절한 반응을 해야 할 것이다. 하지만 킬러 벌 군락의 경보를 둘러싼 의사소통은 섬세하지 못하며, 군락의 반응은 이것 아니면 저것밖에 없다. 그리하여 꿀벌이 침을 사용할 때 방출되는 경보 물질인 아세트산 이소아밀^{isopentylacetate}이 소량만 분비되어도, 전체 군락이 행동에 나서서 적을 무자비하게 공격한다.

질병

질병은 개개의 벌과 전체 꿀벌 군락의 항상성을 깨트리는 장애물이다.

사진 10.7 일벌들이 서로 몸을 닦아주는 것은 숨 막힐 정도로 좁은 꿀벌 군락 안에서 전염병의 발생을 막는 필수적인 예방 조처이다.

꿀벌의 질병은 주로 병원체나 기생충으로 인해 발생되는데, 주요 병원체로는 곰팡이, 박테리아, 바이러스 등을 꼽을 수 있다. 꿀벌응애$^{Varroa\ mite}$와 같은 기생충들은 직접적으로 질병을 유발할 뿐 아니라 병인의 전달자 역할도 한다.

꿀벌들은 좁은 공간에서 끊임없이 몸을 맞대고 살아간다. 그러므로 진화가 진행되는 과정에서 꿀벌들 스스로 질병에 성공적으로 방어할 수 있는 수많은 메커니즘을 고안한 것은 그리 놀랄 일도 아니다.

병균에 대한 최초의 방어선은 꿀벌 몸의 외부막, 즉 얇은 왁스층으로 된 각피다. 이 막을 뚫고 침투하기란 매우 어려운 일이지만, 병균에 의해 첫 번째 방어선이 무너지면 꿀벌의 면역 체계가 발동된다. 꿀벌의 면역 체계는 혈액림프^{hemolymph} 속에 있는 방어 세포들을 동원하여 타고난 분자 차원

사진 10.8 시녀벌들은 거의 끊임없이 여왕벌의 몸을 닦아준다. 군락의 일원 중 여왕벌이 가장 질병에 강하다.

의 방어 메커니즘을 작동시킨다. 이런 세 가지 방어기제는 군락을 이루지 않는 곤충들에게서도 동일하거나 비슷하게 등장한다. 그러나 꿀벌들은 초개체로서 이런 곤충들에게 허락되지 않은 건강 비결을 가지고 있다. 이는 꿀벌의 행동과 관련이 있다. 꿀벌 군락에서는 특별한 행동을 통해 벌집 내의 위생이 유지된다. 그 예로 일벌들은 서로 몸을 닦아준다(사진 10.7).

사진 10.9 군락의 건강을 위한 중요한 행동 양식은 빈방을 철저하게 청소하는 것이다. 이렇게 청소된 방에 여왕벌이 알을 낳는다.

그리고 군락의 가장 소중한 벌인 여왕벌은 시녀벌들로부터 끊임없이 몸 관리를 받으며(사진 10.8) 알을 낳기 전 유충의 방은 깨끗이 청소된다(사진 10.9).

또한 벌이 벌통에서 죽는 경우, 시체를 되도록 빨리 군락 밖으로 옮긴다(사진 10.10, 10.11).

벌집 내부에 있는 벌들은 병든 벌을 금세 알아차리고 공격적으로 대한다. 어떤 벌이 병들었는지 어떻게 알아내는지는 아직 밝혀지지 않았다. 병든 벌은 그 행동과 신체 표면의 화학적인 변화로 인해 금방 눈에 띄는 듯하다.

사진 10.10 죽은 유충이나 번데기는 곧장 감지되고 벌집으로부터 제거된다.

벌들은 병원체를 방어하기 위해 외부의 물질도 이용한다. 벌들이 식물의 꽃에서 모아 벌집 안에 보관하는 프로폴리스, 즉 수지는 항박테리아, 항세균 작용을 한다. 꿀벌들은 식물계의 약국에 다니며 그곳에서 약을 구해오는 것이다.

질병은 행동에도 영향을 끼칠 수 있다. 중세 유럽에서 전염병에 걸린 사람들은 살던 도시를 떠나 시골로 갔다. 이런 행동은 결과적으로 전염병의 확산을 막을 수 있었다. 마찬가지로 꿀벌도 병에 걸리는 경우 행동의 변화를 보인다. 감염이나 기생충으로 말미암아 꿀벌의 방향 감각이 손상된다는 사실은 병든 꿀벌에게 퍽 딱한 일이다. 하지만 그럼으로써 병든

사진 10.11 성충이 벌집에서 죽으면 장례벌이 그 시체를 가져다 버린다.

사진 10.12 양봉으로 키워지는 꿀벌 군락은 실용적인 이유에서 자연 속에 존재하는 야생 군락에 비해 아무래도 서로 가까이 위치하게 된다. 이런 조건은 군락을 넘어 질병이 확산되는 데 유리하게 작용한다.

벌이 수집 비행을 떠났다가 더 이상 자신의 군락을 찾지 못하고, 들판에서 죽음을 맞이하는 것은 군락에게 유익이 된다.

그러나 양봉가가 꿀벌 군락을 나란히 붙여 놓는 경우, 이런 초개체의 자정 능력은 역효과를 가져오기도 한다. 병든 벌이 자신의 벌집을 찾지 못하고 다른 가까운 벌집을 찾아 들어갈 수도 있기 때문이다(사진 10.12). 그러면 질병 확산을 방지하기 위해 자연이 고안한 메커니즘은 이웃 꿀벌 군락에 병이 확산되도록 만들 뿐이다. 경비벌이 이런 일을 줄여주기도 하지만, 완전히 해결하지는 못한다.

노동 분업

노동 분업(제2장과 제8장 참고)은 군락을 이루는 곤충의 성공 레시피 중 하나다. 꿀벌의 경우 노동은 우선적으로 일령에 따라 분배된다. 이러한 원칙은 주로 늙은 벌이 수집벌로 활동하는 사실로부터 쉽게 확인할 수 있지만, 원칙적으로 군락 내의 모든 과제에서 확인할 수 있다. 그러나 일령을 기준으로 한 분배 시스템은 경직되어 있지 않고 매우 유연하다. 그리하여 군락에서 젊은 벌들을 모두 제거하면 늙은 벌의 일부가 '다시 젊어져' 먹이즙 분비선을 발달시키거나 필요한 경우 밀랍선도 다시 발달시킨다. 반대로 군락에서 늙은 벌을 모두 제거하면 젊은 벌들이 아주 빠르게 수집 활동을 개시한다. 이런 유연한 시스템이 유전적 요소에 기초한다는 것은 의도적인 사육으로 특정한 전문가가 과도하게 많은 군락을 만들거나 하면 알 수 있다.

그리하여 전문가들이 넘친다고 공동체에서 그들 모두가 특화된 일에 투입되는 것은 아니다. 모든 일령과 모든 직업의 꿀벌들은 그들이 무엇을, 언제, 어디서, 얼마만큼 해야 하는지를 아는 듯하다. 꿀벌의 일생에서 나이에 따라 이루어지는 활동은 초개체의 모든 과제를 수행하기 위한 '원료'다. 꿀벌 군락에서 발생하는 일의 규모와 그 일들을 위해 활성화되는 힘의 양은 너무나도 의미심장하게 일치하여 우리는 각각의 벌들이 자신이 언제 어디에서 어떤 행동을 해야 할지를 어떻게 알까 질문할 수밖에 없다. 누가 명령을 내리는 걸까, 그리고 누가 행동이 올바로 이루어질 수 있도록 조절하는 걸까?

대답은 언뜻 간단해 보인다. 꿀벌 군락마다 여왕벌이 하나씩 있으니까 말이다. 여왕벌은 그 이름에서 알 수 있듯이 군락의 최고 우두머리다. 그러나 여왕벌로부터 비롯된 명령 체계의 징후는 전혀 발견되지 않는다. 위엄을 갖춘 여왕벌은 큰턱샘에서 소위 여왕벌 물질을 생산하고, 이것이 영양 교환을 통해 벌통의 모든 벌들 사이에 퍼져, 일벌의 난소가 발달되지 못하도록 막을 뿐이다. 드물게 알을 낳는 일벌도 있긴 하지만, 이런 여왕벌 물질은 여왕벌에게 군락의 재생산에 관한 전권을 부여한다.

그러나 이러한 조처는 개개 일벌의 행동을 결정하는 어떤 명령 체계가 아니며, 페로몬에 대한 벌의 생리적 반응에 기초할 따름이다. 그리하여 벌에게 군락에 지배적인 군주가 있다는 인상만을 줄 뿐이다.

초개체는 위계적으로 구성되지 않는다. 꿀벌의 집단적인 행동은 지방분권적으로 이루어진다. 각각의 벌은 스스로를 위해서만 결정을 내린다. 좀 더 정확하게 표현하면 각각의 벌들은 결정이 내려진 것처럼 행동한다. 그리고 그 결과 군락에서 작은 부분적 변화들이 이루어진다. 그리고 이런

사진 10.13 꿀벌들이 분봉의 무리를 이루는 것은 벌 떼 지능 혹은 '집단 지능 swarm intelligence' 이라는 개념을 탄생시켰다.

사진 10.14 벌집의 구조는 꿀벌 군락 구성원의 공동 작업을 뚜렷이 보여준다.

사진 10.15 벌집의 활용은 꿀벌들 간의 상호작용을 통해 극대화된다.

작은 변화들이 다른 벌을 자극하고, 이 벌은 다시 새로운 작은 상황에 입각하여 그들 편에 서서 결정을 내린다. 그런 많은 작은 결정들이 모여 꿀벌 군락에서 관찰할 수 있는 '커다란^{macro}' 행동으로 나타난다. 분봉, 벌집 건축, 벌집 활용, 벌집 주변 탐색 등은 초개체의 '커다란' 행동 양식들이다(사진 10.13~10.16).

사진 10.16 행동양식의 조화는 의사소통을 토대로 이루어진다.

행위자들 간의 상호작용을 통해 질적으로 새로운 특성이 탄생하는 것을 창발적 진화라고 한다. 시스템의 커다란 행동은 '아래'로부터 '위'로의 —반대 방향이 아니라— 많은 작은 단계를 거친 창발적 결과이다.

관찰되는 창발적 복합성이 개체군 적응에 전혀 유익하지 않다면, 즉 초개체에게 무익한 것이라면 그것은 창발적으로 탄생된 아름다운 눈의 결정처럼 무의미할 것이다. 꿀벌 군락들 사이의 자연선택은 창발적으로 나타난 커다란 행동이 적응에 유리하게 작용하고, 그리하여 군락에 유익이 되도록 한다.

관찰자의 눈에 초개체의 행동은 매우 지적으로 다가온다. 초개체의 행동이 당면한 과제와 문제에 대한 적절한 해답으로 여겨지기 때문이다. 초개체의 그런 지적 행동을 무리 지능이라고 부른다.

초개체의 집단 지능 연구는 생물학자들에게 흥분되는 통찰을 허락할 뿐 아니라 많은 수학-기술 전문가의 관심을 자극한다. 제한된 능력을 가진 작은 구성 요소들이 다른 구성 요소들을 비롯한 환경과 상호작용하고 각각의 미세한 행동을 통해 창발적인 커다란 패턴에 이르는 것은 매우 매력적으로 다가온다. 이를 기술에 적용하면 이런 제한된 능력을 가진 작은 구성 요소들이 '인공지능'의 토대를 이룬다고 할 수 있다. 기술에서 활용되는 '집단 지능'도 이에 속한다.

높은 복합성과 여타 꿀벌 군락과 비슷한 특성을 지닌 컴퓨터의 세계가 꿀벌과 같은 초개체에 대한 연구에서 비롯된 것이라고 생각할 수도 있을 것이다. 그러나 실제로는 반대인 경우가 많다. 복잡한 체계에 대한 수학자들과 기술자들의 통찰이 생물학자들로 하여금 자연이 초개체에게 장착해 놓은 성공 메커니즘을 찾게 만드는 것이다.

꿀벌은 매력적일 뿐만 아니라 자연의 살림에 없어서는 안 될 중개인들이다. 꿀벌의 네트워크화된 자동 조절 시스템으로부터 복잡한 과제들을 해결하는 방법을 엿볼 수 있고, 기술 분야에서 그것을 모범으로 삼을 수도 있다. 이것이 꿀벌 현상의 또 하나의 흥미로운 측면이다.

AGTTCATCACCTCGAGTCCGAATGAAGACGAGAAGGGGA
GAGAGACGCGGTCAAGGGACCGAAGATATCGATCATCC
AAACTATCCACGACGTAGGGATCGTCGGCAGCGTTTTT
AGTGTTTCGTCGTGTGTCCCTCCCCCCGTTGCTCGGGG
GGCCGGCGACTTTGGTTACCGAAGAAGAAGGAGGAGAA
TGAGCGTAGGAGGGAGGAATCGAGGGGGAAGGGAATCG
GGTAGGTTTACGGGAATCGATGCGTGGCCCCATGGTT
GTGTCGGACGCTTGACTCGGGGATTTGAAACTTAACCC
ATTTCTCTTTTTTCCCCCCGCGAGCATTTCGGTGAAAA
TCGTATTCGTATCGACCTATTTCGATCCGATTCAAAAT
AAATAAGAAGGAAAGATTCGGATAATTCGAANAAAATA
ACCTCGAGCGAAGGATGGATCCCGACGAATTCACCGATT

AGTTCATCAT   AAGCAAAT
AGTCGAAGAC   GACCCGCA
GACGCGATGA   GGAGGGATT
GGCGAGATTC   GGTCGTCG
TTTCTCCTCC   CTTTTTTT

> 꿀벌의 유전체는 완전히 해독되었다. 여기 적힌 철자들은 염기인 아데닌, 구아닌, 시토신, 티민을 상징한다. 철자의 순서는 꿀벌의 단백질 구성 요소가 될 텍스트다. 꿀벌은 여기 적힌 유전자 조각에 의거하여 인두샘에서 로열젤리(제6장 참고) 성분을 만들어낸다.

GGCGGAACGTCATCTGGAGCAACGCGGTGTGGATTGGA
AGCAATCCTGACGATGAAGAGCTCGGTATACAAATCGT
TCTTTCTTTCTTCTTCTTTTTCTTTTTTTTTTTCTAAT
AATTCCACGCTCACCTCGGTTAATAATAACGACAACGA
CATTTGAAATTCAAATGTATATCCGTTTCTTCTTTGTT
GTTATTATTAGATTCGTCTCGTTCAACTATACATATCT
TTATAATCCCTTGCTGAATAATTTTACACGATTCTCTA

AGTTCATCAAATTTTTCAAATTGGGGGAGAGAATTTTC
CCGTTTTCGTGACGGATACTTATACCGATGCAGTGAAA
GTCTCACTTTACGATGTATCGTGATATTATACGTTGAG
ATAAAAATAAGGAGGAGGAGGAATTGATAAAAATAAGGA
AGGAANNGANAAAAAGAANGATTTTTTTTTAANAAAAG
TGGTTGGGAGAGGGAGGAGGGGGTATTGGGGAATTGGA

꿀벌과 인간을 위한 조망

EPILOG

꿀벌의 생물학적인 진화는 피할 수 없는 운명이었다.

인간이 꿀벌에 관심을 갖기 시작한 것은 정말 오래된 일이다. 우리 선조들에게 꿀벌이 무엇보다 꿀과 밀랍의 생산자로서 중요한 비중을 차지했다면, 꿀벌에 대한 현대인의 관심은 다른 이유에서 진정한 르네상스를 경험하고 있다. 앨버트 아인슈타인^{Albert Einstein}(1879~1955)은 언젠가 이렇게 말했다. "꿀벌이 지구상에서 사라지면, 인간은 그로부터 4년 정도밖에 생존할 수 없을 것이다. 꿀벌이 없으면 수분도 없고, 식물도 없고, 동물도 없고, 인간도 없다……." 4년이라는 구체적인 시간 언급에 관한 한, 아인슈타인의 말을 문자 그대로 받아들일 수는 없을 것이다. 그보다는 이 말을 '아인슈타인의 꿀벌―상대성 이론'으로 이해해야 할 것이다. 하지만 이 문장은 정곡을 찌르고 있다. 꿀벌은 환경 파괴의 정도를 보여주는 지표일 뿐만 아니라 환경을 능동적으로 만들어가는 존재이기 때문이다. 꿀벌이 환경을 만들어나가는 데 환경 형성자로서 어느 정도 중요한지는 아직 다 파악되지 않았다.

- 꿀벌이 생물다양성을 유지하는 데 얼마나 공헌을 하는지는 점차 밝혀지고 있다. 눈에 보기에 아름답고 화려한 꽃밭만으로는 그 중요성을 느끼기 어렵다 하더라도, 꿀벌의 행동이 우리 접시에 놓인 쇠고기에까지 영향을 끼친다는 사실을 심사숙고해야 할 것이다. 꿀벌이 있음으로 해서 우리가 먹는 쇠고기의 질은 향상된다. 바로 꿀벌이 목초지의 식물다양성을 만들어내기 때문이다. 그리고 이것은 꿀벌이 자연과 인간이 만든 생태계에 미치는 광범위한 영향을 보여주는 일례일 따름이다.
- 온대 기후 지역에 꿀벌이 없으면 날로 그 중요성이 부각되고 있는 자원의 효율적인 관리는 사실상 불가능할 것이다. 현대 농업에서 인간과 꿀벌은 상호 의존적인 관계에 있다. 꿀벌이 없이는 농사를 지을 수 없기 때문이다.
- 꿀벌의 건강 상태는 우리가 살아가는 환경 상태의 지표로 기능한다.
- 다른 생물과 달리 꿀벌의 복잡한 생물학적 연관들은 젊은 사람들도 열광하게 만든다. 그러므로 이를 장려하여 젊은이들이 앞으로 살만한 환경을 만들어 가는 데 책임 의식을 느끼도록 동기부여를 할 수 있다.
- 꿀벌에 관한 기초 연구는 생물학적으로 매우 성공적인 초개체의 내부 조직에 관한 통찰처럼 기술적으로 응용 가능한 꿀벌 특유의 아

이디어를 조달하는 마르지 않는 원천이다.
- 꿀벌은 생의학 기초 연구에 중요한 단초를 많이 제공한다. 꿀벌의 타고난 면역 체계는 생의학적 기본 질문을 연구하는 데 탁월한 도움이 되며 인간을 위해서도 중요한 인식을 제공한다. 유전적으로 동일한 조건을 타고난 꿀벌들이 환경에 따라 수명이 달라지는 것은 노화 연구에 또 다른 지평을 제공하며, 사람의 체온과 비슷한 번데기 사육의 최적화된 온도는 흥미로운 연구 과제임에 틀림없다.

지구의 생태와 경제를 위해 지구상에 꿀벌이 건강하게 존속하는 것은 필수적이다. 이런 상태를 유지하기 위해 초개체 꿀벌 군락을 이모저모 잘 이해하여, 필요한 경우 꿀벌을 뒷받침해주는 것이 중요하다. 그러기 위해서는 양봉의 실제와 연계하여 지속적으로 꿀벌에 대한 다방면의 기초 연구가 이루어져야 할 것이다. 유기체 생물학의 총체적인 고찰 방식을 적용하는 가운데, 최신의 물리학적·분자생물학적 연구 방법을 활용하여 꿀벌의 비밀을 파헤쳐 나가야 할 것이다.

꿀벌을 돕는 일이 우리 스스로를 돕는 일이기 때문이다.

역자 후기

6년 전에 심어 이제 제법 자란 우리 집 앞 매실나무가 양지 바른 곳에 있어서인지 올 봄 다른 나무들보다 일찍 개화를 하였다. 그러자 아침부터 정말이지 많은 꿀벌이 몰려와 갓 피어난 매화 송이들을 오가며 부지런히 "작업"을 하였다. 여느 해였다면 그냥 그런가 보다 했겠지만, 올해에는 바쁜 벌들을 보는 감회가 남달랐다. 물론 이 책 덕분이었다.

번역을 하다 보면 유난히 애착이 가는 책이 있다. 내게는 이 책이 그런 책 중 하나였다. 이 책과 함께 하는 내내 재미있고 신기하고 행복했다. 아침에 가까운 산에 올라가 벤치에 앉아 등에 햇살을 가득 받으며 꿀벌 책을 읽다가 꿀벌 구경도 하기도 한다고 했더니, 장시간 지하철을 타고 출근하는 한 선배는 날더러 "세상에서 가장 행복한 사람"이라고 하였다. 내가 소위 "염장"을 지른 것이다.

본문을 읽으며 함께 실린 멋진 사진들을 곁눈질하노라면 본문 내용이 더욱 매력 있게 다가온다. 나는 그렇게 이 책과 더불어 꿀벌의 신기한 생태에 푹 빠졌고, 길 가다가 꿀벌을 보면 꼭 아는 체를 하는 바람에 둘째 아이에게 "꿀벌을 좋아하는 엄마"로 찍혔.

이 책은 먹이 수집, 의사소통, 유충 양육, 짝짓기, 벌집 건축, 벌통 온도 조절 등, 꿀벌 생물학 전반에 관한 최신 인식들을 소개한다. 책을 읽노라면, 한 마리 한 마리를 놓고 보면 그렇게 작고 미약해 보이는 꿀벌들이 초개체로서는 어떻게 그렇게 멋지고 정교한 능력을 발휘할 수 있는지 경이감을 느끼지 않을 수 없다.

저자의 바람대로 이 책을 읽은 독자들이 "지금까지와는 조금 다른 눈으로" 꿀벌을 보게 되기를, 그리고 날로 꿀벌이 줄어드는 달갑지 않은 상황 가운데 이 책이 더욱 환경에 관심을 갖고 자연을 소중히 여기는 계기가 되기를 기대한다. 역자로서는 이 책이 특히 우리 청소년들에게 생물학을 비롯한 학문 전반에 대한 매력을 일깨우는 책이 되기를 소망해 본다.

2009년 봄날

유영미

• 참고문헌

Barth FG (1982) Biologie einer Begegnung: Die Partnerschaft der Insekten und Blumen. Deutsche Verlags-Anstalt, Stuttgart

Bonner JT (1993) Life cycles. Reflections of an evolutionary biologist. Princeton University Press, Princeton

Camazine S, Deneubourg JL, Franks NR, Sneyd J, Theraulaz G, Bonabeau E (2001) Self-organization in biological systems. Princeton University Press, Princeton Oxford

Dawkins R (1982) The extended phenotype. Oxford University Press, Oxford

Frisch Kv (1965) Tanzsprache und Orientierung der Bienen. Springer, Berlin Heidelberg New York

Frisch Kv, Lindauer M (1993) Aus dem Leben der Bienen. Springer, Berlin Heidelberg New York

Gadagkar R (1997) Survival strategies. Cooperation and conflict in animal societies. Harvard University Press, Cambridge Mass.

Johnson S (2002) Emergence. The connected lives of ants, brains, cities, and software. Simon & Schuster, New York London

Lewontin R (2001) The triple helix. Harvard University Press, Cambridge Mass.

Lindauer M (1975) Verständigung im Bienenstaat. G. Fischer, Stuttgart

Maynard Smith JM, Szathmary E (1995) The major transitions in evolution. Oxford university press, Oxford

Michener CD (1974) The social behavior of the bees. Belknap Press of HUP, Cambridge Mass.

Moritz RFA, Southwick EE (1992) Bees as superorganisms. An evolutionary reality. Springer, Berlin Heidelberg New York

Nitschmann J, Hüsing OJ (2002) Lexikon der Bienenkunde. Tosa, Wien

Nowottnick C (2004) Die Honigbiene. Die neue Brehm-Bücherei. Westarp Wissenschaften, Magdeburg

Ruttner F (1992) Naturgeschichte der Honigbienen. Ehrenwirth, München

Seeley,TD (1995) The wisdom of the hive. The social physiology of honey bee colonies. Harvard University Press, Cambridge Mass. [deutsch (1997): Honigbienen. Im Mikrokosmos des Bienenstocks. Birkhäuser, Basel Boston Berlin]

Seeley TD (1985) Honeybee ecology. Princeton University Press, Princeton

Turner JS (2000) The extended organism. The physiology of animal-built structures. Harvard University Press, Cambridge Mass.

Wenner AM, Wells PH (1990) Anatomy of a controversy: The question of a dance „language" among bees, Columbia University Press, New York

Wilson EO (1971) The insect societies. Harvard University Press, Cambridge Mass.

Winston M (1987) The biology of the honey bee. Harvard University Press, Cambridge Mass.

• 사진 출처

Brigitte Bujok, BEEgroup: 사진으로 살펴보는 꿀벌의 세계 28쪽, 1.1, 8.5, 10.6
Brigitte Bujok, Helga Heilmann, BEEgroup: 4.16, 4.17, 4.18, 4.19, 4.20, 4.21, 4.23
Marco Kleinhenz, BEEgroup: 4.22, 8.12
Marco Kleinhenz, Brigitte Bujok, Jürgen Tautz, BEEgroup: 3.3
Barrett Klein, BEEgroup: 7.16
Axel Brockmann, Helga Heilmann, BEEgroup: 4.9
Mario Pahl, BEEgroup: 4.11
Rosemarie Müller-Tautz: 4.3, 4.7 오른쪽
Thermovision Erlangen und BEEgroup: 8장 표제 사진, P. 4, 8.2
Jürgen Tautz, BEEgroup: 5.6 오른쪽
Olaf Gimpel, BEEgroup: 6.15, 6.16 왼쪽
Rainer Wolf, Biozentrum Universität Würzburg: 4.5
Fachzentrum Bienen, LWG Veitshöchheim und Helga Heilmann: 4.7. 위

• 찾아보기

*이탤릭은 사진 찾아보기

ㄱ

감각 84
개체생물학 299
건축벌 273
게라니올 105, 131
겨울벌 275
겹눈 87
경고페로몬 213
경비벌 229, *230*, *231*, *272*, *286*, *287*
고속 비행 92
고치 *173*, 269
광흐름 118
구스타프 말레코 283
군락 3, *280*, *298*
귀소 107
근친도 283
꼬리춤 112, 130, *308*
꽃 83, *99*, *266*
꽃가루 *68*, 69, 81
꽃가루주머니 *64*
꽃꿀 80
꽃향기 134
꿀 81, 208, *211*, 256
꿀벌 70
  꿀벌의 능력 85
꿀주머니 *16*, 70

ㄴ

나사노프샘 105, *106*, 131, 237

나침반 103
난방 245, 265
난방벌 7, 245, *247*, *250*, 255, *258*, 303, 311
내적 환경 186
노동(직업) 270
  노동 분업 318

ㄷ

다세포생물 34
다양성 41
단세포 33
단세포생물 34
대립유전자 281
더듬이 *97*, *124*, 125, 204
동형접합체 283
뒝벌 65, 66, *117*, *146*
들러리 일벌 150
디펜신 181, *182*
떨림춤 307, *308*
뜨거운 점 248

ㄹ

로열젤리 5, 157, 167, *172*, *179*, 180, *181*
리처드 도킨스 282
리처드 렘넌트 202

ㅁ

마이크로칩 *78, 306*
마틴 린다우어 *263*
막시류 *66, 292*
말벌 *66, 117, 146*
  말벌 집 *201*
먹이 교환 *162*
면역 물질 *181*
면역 체계 *313*
무리 *27, 49, 320*
  무리 지능 *323*
무정란 *157, 161*
무지개 *89*
무핵세포 *33*
밀랍 *126, 187, 189, 229*
  밀랍 뚜껑 *177*
밀랍경 *187, 188*
밀랍샘 *187*
밀랍층 *288*

ㅂ

반수체 *283*
번데기 *270*
번식 *31, 41*
벌꿀 *81*
벌집 *126, 160, 185, 186, 193, 195, 197, 198, 228*
  벌집의 기능 *207*
  벌집의 기하학 *195*
  벌집 방 *126, 195, 203, 204, 218*
  벌집 웹 *220, 223*
복제 *31*

복합적응계 *297*
본능 *84*
분봉 *46, 52*
분열 *52*
비행 *73, 214*
  비행 거리 *118, 122*
  비행근육 *127, 244*

ㅅ

사회생리학 *10, 185, 294*
색깔 *84, 88, 92, 93*
생물다양성 *31*
생식 라인 *36*
생식세포 *35*
생애주기 *51*
서식지 *75*
세대 주기 *51*
섹스 *41*
수벌 *18, 42, 139, 141, 145*
  수벌 방 *160*
  수벌 번데기 *209*
수분 *59, 64*
수정란 *161*
수집벌 *73, 75, 76, 80, 112, 130, 307*
시각 *86*
시간 감각 *107*
시녀벌 *26, 162, 314*
식물 수지 *79, 207*

ㅇ

아세트산 이소아밀 *312*
아프리카 꿀벌 *312*

알 *170*
앨버트 아인슈타인 *325*
언어 *110*
에너지 *56, 256*
엔도팰러스 *144, 145, 151, 152, 153*
여름벌 *275*
여왕 물질 *143*
여왕벌 *19, 26, 42, 47, 45, 51, 154, 157, 158, 159, 163, 168, 214, 267*
 여왕벌의 세대 주기 *51*
영양 교환 *257, 258*
온도 *221, 301, 311*
왕대 *4, 25, 47, 164, 165, 176*
외적 환경 *186*
요하네스 메링 *3*
우화 *158*
원무 *111*
월터 캐논 *10*
윌리엄 모튼 윌러 *4*
윌리엄 해밀턴 *281*
유모벌 *167, 178, 179*
유전물질 *33*
유전적 *50*
유충 *5, 20, 23, 171, 173, 174, 244*
 유충 구역 *249, 250, 253*
 유충 방 *55, 170, 214, 243, 265, 302*
 유충 호르몬 *274*
육탄당 *180*
의사소통 *84, 107, 110, 217, 237, 303*
이배체 *283*
이정표 *105*
이형접합체 *283*

인두선 *167*
인지능력 *100*
일벌 *8, 23, 48, 52, 168, 203, 251, 267, 290*
 일벌 방 *160*
 일벌 번데기 *209*
임시 탱크 *260*

ㅈ

자기조직적 *77, 213*
자동 조절 시스템 *301, 305*
자외선 *91*
잠(수면) *74, 75*
장례벌 *317*
장미풍뎅이 *63, 64*
적응 *241*
정보 교환 *77*
정찰벌 *110, 234, 235*
제자리 비행 *263*
존 메이너드 스미스 *282*
존 홀랜드 *298*
종 *61*
주유벌 *257, 258, 274*
죽음 *54*
중력 *117*
중력 감각 기관 *196, 199*
지각능력 *86*
진동 *126, 128, 217, 219, 224, 225, 226, 244*
 진동 대화 *159*
 진동하는 방 *227*
진화 *33*

진화생물학 280
질병 312
집단선택 280
집단 예비 비행 147, *148*
짝짓기 42, 137
짝짓기 비행 139

ㅊ

찰스 다윈 44, 280
처녀 여왕벌 46, 140
척추동물 3
청어 떼 효과 156
초개체 4, 35, 37, 292
초생리학 294
추격 비행 156
춤 107
춤 언어 *24*, 110, 217, 235
침 *28*, 212

ㅋ

칼 폰 프리슈 107, 110, 115, 131, 217
크리스티안 콘라트 슈프렝겔 63
큰턱샘 179
클로드 베르나르 186

ㅌ

탐색 102

태양 57, 105, 115, *116*
토마스 실리 305
토마스 헉슬리 293
통풍벌 *310*

ㅍ

파푸스 206
페로몬 161, 237
편광 패턴 106, 117
평형역동성 299
포유동물 4
프로폴리스 *20*, 79, 207, 222, 232, 316
피에르 그라스 193

ㅎ

하인두샘 179
학습 84, 98
항상성 186, 299
항장력 201
핵산 31
현화식물 57, 63
혈연선택 282
혼인비행 140, *151*
홑눈 87
환경 241
환기 *264*
후각 86

경이로운 꿀벌의 세계
-초개체 생태학-

저자 • 위르겐 타우츠
감수자 • 최재천
역자 • 유영미
발행인 • 조승식
발행처 • 도서출판 이치 SCIENCE
등록 • 제9-128호
주소 • 142-877 서울시 강북구 수유2동 258-20
www.bookshill.com
E-mail • bookswin@unitel.co.kr
전화 • 02-994-0583
팩스 • 02-994-0073

2009년 5월 20일 제1판 1쇄 발행
2010년 12월 10일 제1판 4쇄 발행

가격 15,000원
ISBN 978-89-91215-84-9

* 잘못된 책은 구입하신 서점에서 바꿔 드립니다.
* 이 도서는 도서출판 북스힐에서 기획하여 도서출판 이치사이언스에서 출판된 책으로 도서출판 북스힐에서 공급합니다.
142-877 서울시 강북구 수유2동 258-20
전화 • 02-994-0071 팩스 • 02-994-0073